# 无公害果园农药使用指南

（第二版）


主　编

冯明祥

副主编

姜瑞德　王佩圣　雷慧德

编著者

冯明祥　姜瑞德　王佩圣

雷慧德　张安盛　宫象晖

李鸿筠　王继青　胡军华

冯　超　程　星　张　涛

姜仕明

金盾出版社

## 内 容 提 要

本书主要由山东省青岛市农业科学研究所、中国农业科学院柑橘研究所和烟草研究所、山东省农业科学院植物保护研究所的专家编著。内容包括无公害果品生产的意义及措施，农药安全使用基础知识，杀虫剂、杀螨剂、杀菌剂、植物生长调节剂和除草剂等115种农药的理化性质及特点、毒性、常用剂型、防治对象和使用方法以及注意事项，还有11种昆虫性外激素的生物活性和使用方法。本书内容丰富，语言通俗易懂，技术先进实用，便于学习和操作，适合于果农和农业技术推广人员以及有关农业院校师生参考阅读。

**图书在版编目(CIP)数据**

无公害果园农药使用指南/冯明祥主编，--2版.-- 北京：金盾出版社，2013.3
ISBN 978-7-5082-6643-5

Ⅰ.①无… Ⅱ.①冯… Ⅲ.①果树—无污染农药—农药施用—指南 Ⅳ.①S436.6-62

中国版本图书馆CIP数据核字(2010)第192456号

**金盾出版社出版、总发行**
北京太平路5号(地铁万寿路站往南)
邮政编码:100036 电话:68214039 83219215
传真:68276683 网址:www.jdcbs.cn
封面印刷:北京精美彩色印刷有限公司
正文印刷:北京万友印刷有限公司
装订:北京万友印刷有限公司
各地新华书店经销
开本:850×1168 1/32 印张:7.125 字数:176千字
2013年7月第2版第9次印刷
印数:78 001～83 000册 定价:14.00元

# 前　　言

《无公害果园农药使用指南》一书自 2004 年出版以来，已经过 7 次印刷，总印数达 72000 册。在此期间，曾接到不少果农的咨询电话。其主要内容除了涉及农药使用技术以外，还对农药管理和新品种的发展及应用，表现出很大兴趣。对于广大读者对本书的关注，我们表示衷心的感谢。

近年来，我国农药工业发展很快，农药新品种逐年增加，果园使用的农药品种也在不断更新。我国政府为了切实推进无公害农产品生产的发展，先后颁布了许多相关文件，特别是对无公害农产品生产中农药的使用了明确的规定。早在 2002 年，我国农业部就明令禁止在蔬菜、果树、茶叶和中草药上使用高毒和剧毒农药；同年，又发布了无公害农产品生产中推荐使用的农药品种。2006 年，我国农业部、国家发展和改革委员会、国家工商行政管理总局和国家质量监督检验检疫总局，联合发布公告，从 2007 年 1 月起，全面禁止甲胺磷、对硫磷、甲基对硫磷、久效磷和磷胺等 5 种高毒有机磷农药在国内销售和使用，撤销所有含甲胺磷等 5 种高毒有机磷农药产品的登记和生产许可。各级有关行政管理部门对非法生产、销售和使用甲胺磷等 5 种高毒有机磷农药者，要按照生产、销售和使用国家明令禁止农药的违法行为依法进行查处。为了加强农药管理，自 20 世纪 90 年代以来，我国政府颁布了一系列有关规章和规范性文件，尤其是 2007 年农业部发布的关于农药管理的 3 个农业部令和农业部与国家发展和改革委员会联合发布的 2 个公告，都明确规定，从 2008 年 7 月起，农药生产企业生产的农药产品一律采用中文通用名称或简化通用名称，不得使用商品名称。

这就从根本上解决了一药多名的问题，为农药使用者提供了很大的方便，对减少农药使用的盲目性，减少农药用量，保证农产品质量安全，起到了积极的促进作用。

这次对本书的修订，在第一版的基础上，删掉了一些不常用的品种，增加了近年来新登记的一些品种；每个农药品种均用中文通用名称，删掉了其他名称；在第二章中增加了“我国农药使用和管理的一些规定”一节；对农药品种的排序做了较大调整，将杀虫剂、杀螨剂、杀菌剂、植物生长调节剂、除草剂和昆虫性外激素各成一章，按照每个品种第一个字的汉语拼音字母顺序进行排列。

由于收集的资料有限，加上作者学识水平所限，因而书中不足或错误之处在所难免，恳请读者指正。

编 著 者

# 目　录

# 第一章 无公害果品生产的意义及措施

## 一、无公害食品发展的历史背景

早在20世纪70年代，一些工业发达国家发现化肥和农药对农业环境造成了严重污染，以至于影响到农产品的质量。随着工业化水平的不断提高，施入农田的化学物质(主要是农药和化肥)逐年增加，对环境的污染愈来愈重。到90年代初期，农业生态环境的污染更加严重，由此造成的影响人类健康和发展的问题更加明显。于是，农业的可持续发展问题便摆在了世界各国人民面前。许多国家相继提出了发展有机农业、生物农业或生态农业的新概念。这些观点的核心内容是，减少或限制农用化学物质的用量，保护农业生态环境，提高食品安全性。1991年，联合国与荷兰政府联合召开了“农业与环境国际会议”，对农业可持续发展提出了完整的定义。1992年，联合国在巴西召开了“世界环境与发展”大会，通过了《21世纪议程》等重要文件，其核心内容就是走可持续发展的道路，把可持续发展作为全球未来共同的发展战略。由此可见，要实现农业的可持续发展，就必须减少化学工业品对农业环境的污染，即由“石油”农业向有机农业、生态农业或生物农业方向发展。据此，许多国家对农产品的生产提出了体现“食品安全”思想的农产品概念，如有机食品、生态食品、生物食品、自然食品、无公害食品和绿色食品等。

我国政府在吸取了发达国家的经验教训后，于20世纪80年代初提出了发展生态农业的观点。随着我国农业生产水平的不断提高，果品生产正在由数量型向效益型转变。发展优质果品生产已成为我国果农致富的主要途径。我国政府非常重视农民的增收问题，把农业、农村、农民问题作为工作的重中之重。为了适应新形势下农业和农村经济结构战略性调整和加入世贸组织的需要，全面提高我国农产品质量安全水平和市场竞争力，农业部决定在全国范围内推进“无公害食品行动计划”，并于 2002 年 7 月出台了《全面推进“无公害食品行动计划”的实施意见》，其目的就是通过健全体系，完善制度，对农产品质量安全实施全过程监管，有效改善和提高我国农产品质量安全水平。为贯彻落实中共中央、国务院关于扩大无公害农产品、绿色食品和有机农产品生产供应的要求，全面提高农产品质量水平，切实保障农产品消费安全，大力增强农产品市场竞争力，促进农业增效和农民增收，农业部于 2005 年 8 月公布了《关于发展无公害农产品绿色食品有机农产品的意见》，对发展无公害农产品、绿色食品和有机农产品的重要意义、指导思想、发展方向和重点，以及所采取的措施，都做了详细的部署，有力地促进了我国无公害农产品、绿色食品和有机农产品事业的发展。

## 二、无公害食品的概念及管理

我国政府有关部门根据农产品的生产条件和对产品的质量要求，将优质、安全农产品分为无公害食品、绿色食品和有机食品。

### （一）无公害食品

无公害农产品，是指产地环境、生产过程和产品质量都符合国家有关标准和规范的要求，经认证合格，获得认证证书并允许使用无公害农产品标志的未经加工或者初加工的食用农产品。

国家鼓励和支持农民和涉农企业开展无公害农产品生产。无公害农产品管理工作，由政府推动，并实施产地认定和产品认证的工作模式。全国无公害农产品的管理及质量监督工作，由农业部门、国家质量监督检验检疫部门和国家认证认可监督管理委员会，按照国务院的有关规定分工负责。各级农业行政主管部门和质量监督检验检疫部门在政策、资金、技术等方面，扶持无公害农产品的发展，组织无公害农产品新技术的研究、开发和推广。国家鼓励生产单位和个人申请无公害农产品产地认定和产品认证。省级农业行政主管部门根据《无公害农产品管理办法》的规定，负责实施本辖区内无公害农产品产地的认定工作。申请无公害农产品产地认定的单位或个人，应向当地县级农业行政主管部门提交书面申请。无公害农产品的认证机构，由国家认证认可监督管理委员会审批，并获得国家认证认可监督管理委员会授权的认可机构的资格认可后，方可从事无公害农产品的认证活动。农业部农产品质量安全中心受农业部委托，组织协调全国无公害农产品的认证工作。申请无公害农产品认证的单位或个人，应向无公害农产品认证机构提出书面申请，经认证机构对其产品质量检测合格后，才允许使用无公害农产品标志。无公害农产品标志的使用有效期为 3 年。标志使用期满后，若想继续使用无公害食品标志，则需根据有关规定重新办理有关的手续。

## （二）绿色食品

绿色食品，系指经专门机构认定，许可使用绿色食品标志的无污染的安全、优质、营养食品。绿色食品分为 AA 级和 A 级两种。AA 级绿色食品，系指在生态环境质量符合规定标准的产地，生产过程中不使用任何有害化学物质，按特定的生产操作规程进行生产和加工，产品质量及包装经检测、检查符合特定标准，并经专门机构认定，许可使用 AA 级绿色食品标志的产品。A 级绿色食品，系指在生态环境质量符合规定标准的产地，生产过程中允许限量使用所限定的化学合成物质，按特定的生产操作规程进行生产和加工，产品质量及包装经检测、检查符合特定标准，并经专门机构认定，许可使用A级绿色食品标志的产品。由此看出，绿色食品并非天然产品、野生产品或带绿颜色的产品，而是在特定的生产环境中，按照严格的生产、加工和包装等标准，所生产的优质食品。

20世纪90年代初，我国政府有关部门提出了“绿色食品”的概念。1991年《国务院关于开发绿色食品有关问题的批复》中明确指出：“开发绿色食品，对于保护生态环境，提高农产品质量，促进食品工业发展，增进人民身体健康，增加农产品出口创汇，都具有现实意义和深远影响。”1992年11月，我国农业部成立了中国绿色食品发展中心，负责全国的绿色食品管理工作。中国绿色食品发展中心在全国各省、自治区和直辖市设有委托和管理机构，负责管理辖区内绿色食品生产和产品标志使用的有关事宜。拟开展绿色食品生产的单位和个人要向所在省、自治区、直辖市绿色食品办公室提出申请，并对生产基地进行实地考察和检测，对其产品按照绿色食品标准进行质量检测。各项指标均合格后，上报中国绿色食品发展中心，由该中心与申请单位或个人签订绿色食品标志使用协议书，颁发绿色食品标志使用证书，同时向社会公布。绿色食品标志使用的有效期为3年。在此期间，标志使用人必须严格履行绿色食品标志使用协议书的条款，接受中国绿色食品发展中心委托的监测机构的检测。3年期满欲继续使用绿色食品标志时，须重新办理有关手续。未经中国绿色食品发展中心同意，任何私自使用或印发绿色食品商标的行为，都属违法行为。

## （三）有机食品

有机食品是指来自有机农业生产体系，采取有机农业生产规范，即在生产和加工过程中，不使用化学合成的农药、化肥、植物生长调节剂、添加剂等物质，以及基因工程植物及其产物，而是遵循自然规律和生态学原理，采取一系列可持续发展的农业技术，维持农业生态系统持续稳定的生产方式进行生产，经有机食品认证机构认证，允许使用有机食品标志的食品。

我国有机食品的管理由国家环境保护部负责。1994年，国家环境保护部成立了有机食品发展中心。从1995年开始，已正式批准了《有机产品标志管理办法》和《有机食品生产和加工技术规范》等有机食品认证的技术文件。1998年，又根据国际有机农业运动联合会等有关标准，对我国的有机食品标准，进行了修改和完善。1995年在国家工商行政管理局商标局注册了有机食品标志，并对其使用要求作了详细规定。2001年，国家环境保护部发布了《有机食品认证管理办法》。2001年12月25日，又发布了《有机食品技术规范》。这些文件的颁布实施，为我国有机食品的管理提供了依据。

有机食品的认证，由经国家有关部门批准的专门机构按照《有机食品认证管理办法》进行。从事有机食品生产的单位或个人，要按照《有机食品认证管理办法》的要求，向有机食品认证机构提出书面申请。有机食品认证机构根据规定，对有机食品生产基地、生产过程和加工过程等，进行严格检测和审查，所有项目符合要求后，颁布有机食品认证证书。有机食品认证证书有效期为2年。有机食品认证证书持有人在证书有效期满后，若想继续使用，须在期满前1个月向原有机食品认证机构重新提出申请，如果其生产或经营的食品未获得重新认证，不得继续使用有机食品认证证书。

无论是无公害食品、绿色食品，还是有机食品，都是经国家有关机构认证并纳入规范化管理的食品。这些食品对生产基地、生产过程和加工、包装、贮运等都有一定的标准要求，因此，它不同于一般的食品。为了加强对这些优质食品的管理，我国有关部门制定了《全国农业标准2003－2005年发展计划》，该计划根据农产品质量特点和对生产过程控制要求的不同，将农产品分为一般农产品、认证农产品和标识管理农产品。一般农产品，是指为了符合市场准入制，满足百姓消费安全的需要，必须符合最基本的质量要求的农产品；认证农产品，包括无公害农产品、绿色农产品和有机农产品；标识农产品，是一种政府强制性对某些特殊的或有特殊要求的农产品，加以强制性标识管理，以明示方式告知消费者，使消费者的知情权得到保护，如转基因农产品。农业部在《关于发展无公害农产品绿色食品有机农产品的意见》中，根据我国农业生产的实际情况提出，坚持无公害农产品、绿色食品和有机农产品“三位一体、整体推进”的发展思路，大力发展无公害农产品，把无公害农产品作为市场准入的基本条件，全面实现农产品的无公害生产和安全消费；加快发展绿色食品，把绿色食品作为安全优质精品品牌，以满足高层次消费需求为目标，带动农产品市场竞争力全面提升；因地制宜发展有机农产品，努力发挥我国农业资源优势和特色，以国际市场需求为导向，扩大农产品出口。

## 三、无公害果品的市场需求及发展前景

随着人民生活水平的提高，对水果的消费不仅表现在数量上的增加，而且表现在质量要求上的提高。近年来，国内的水果市场出现了优质水果畅销，并且售价高，一般水果滞销，并且售价低的现象。同样，经过有关部门认证，按照无公害水果生产标准生产的无公害果品、绿色果品或有机果品售价更高。据报道，在2008年北京奥运会前夕，北京新发地水果批发市场专卖奥运推荐果品，这些奥运推荐果品是由特定生产基地在严格质量管理体系下精心培育而成，通过绿色食品或有机食品认证，价格比同类果品高30%左右。

我国是水果生产大国，从1993年开始，水果总产量就跃居世界第一位，超过印度、巴西和美国。2007年，我国水果总产量超过1亿吨。但从水果出口的情况看，我国水果出口量很少。据海关部门统计，我国每年水果出口量不足总产量的5%，并且以加工和

初加工品(果汁、罐头、冷冻水果)为多,鲜食果品数量很少,在国际市场上竞争力很弱。从价格上看,与国际市场价格相比,我国的苹果、梨、菠萝、香蕉等品种售价较低,只有少数水果如甜橙价格高于国外。其主要原因就是我国在水果生产、加工过程中的质量控制、包装、营销等方面,与发达国家相比还有较大差距。

发展无公害果品生产,是提高我国水果产业竞争力的主要途径。我国无公害农产品研究和生产的历史虽然较短,但在政府的积极倡导和推动下,这项造福于民、惠及子孙的事业发展很快。据报道,到 2008 年,我国共有无公害农产品 28 600 个,认定无公害农产品产地 24 600 个,面积达 2 107 万公顷;有 5 315 家企业使用绿色食品标志,产品为 14 339 个,实物总量为 7 200 万吨,认证产地面积为 1 000 万公顷;经认证的有机食品标志使用企业 600 家,产品总数为 2 647 个,实物总量为 1 956 万吨,认证面积为 311 公顷。国务院新闻办公室 2007 年 8 月 17 日发表的《中国的食品质量安全状况》白皮书表明,我国的无公害、绿色、有机等品牌农产品,已成为出口农产品的主体,占到出口农产品的 90%。近 5 年来,绿色食品出口以年均 40%以上的速度增长,现已得到 40 多个贸易国的认可。由此可见,大力发展无公害农产品、绿色食品和有机农产品,是提高我国农产品质量,扩大农产品出口,增加农民收入的一项重要措施。

我国的果树大部分种植在丘陵或半丘陵地带,生产水平还不高,从目前的生产条件来看,大部分果区应以无公害果品生产为主,在环境条件较好,具备一定生产能力的地区,积极开发绿色果品和有机果品。总之,要想突破我国水果产量高、效益低的瓶颈,就要在进一步优化树种、品种结构的基础上,依靠科技进步,实施水果产业竞争力提升战略,促进水果产业化,开拓市场,扩大出口,以提高水果生产的经济效益。

# 四、无公害果品生产的基础

果树在长期生长发育过程中，由于对自然环境条件的适应，形成了各种果树的适宜栽培区。只有在果树适宜栽培区种植的果树，才能充分表现出果树特有的生物学特性和结出具有品种特性的丰硕果实，这是果树生长的基础。而无公害果品生产的基础，是指在果树适宜栽培区内，具有良好的产地、环境条件。所谓产地，是指具有一定的栽培面积和相应生产能力的土地；所谓环境条件，是指影响果树生长的土壤质地、灌溉水质量和空气质量等自然条件。

## （一）产地选择

并非所有适应果树生长的土地，都可以作为无公害果品生产基地。一般来说，无公害果品生产基地要有一定的土地面积，具有良好的生态环境。果园要远离城镇、交通要道（公路、铁路、机场、车站、码头等）以及工矿企业。

## （二）果园灌溉水质量

生产无公害果品，要求使用清洁、无污染的水进行灌溉，避免使用被工业“三废”污染的河水、池塘水等，也不宜用城市生活用水和人粪尿水直接灌溉。灌溉水中各种矿物质和有害物质的含量不得超过规定（GB/T 18407.2—2001）的指标（表1）。

表1　农田灌溉水质量指标　（单位：毫克/升）

| 项　目 | 指 标（≤） |
| --- | --- |
| 氯化物 | 250 |
| 氰化物 | 0.5 |
| 氟化物 | 3 |

续表 1

| 项目 | 指标(≤) |
| --- | --- |
| 总　汞 | 0.001 |
| 总　砷 | 0.1 |
| 总　铅 | 0.1 |
| 总　镉 | 0.005 |
| 铬(6 价) | 0.1 |
| 石油类 | 10 |
| pH 值 | 5.5～8.5 |

## (三)果园土壤环境质量

无公害果品生产,要尽量选择适合果树生长的土壤。由于各地土壤质地不同,土壤中含有许多有毒或有害物质,这些物质可以通过果树根系吸收,传导至果实中,造成有害物质的残留量超标。因此,生产无公害果品的果园土壤环境质量,要符合国家规定(GB/T18407.2－2001)的指标(表 2)。

表 2　土壤环境质量指标 (单位:毫克/升)

| 项　目 | 指标(≤) | | |
| --- | --- | --- | --- |
| | pH＜6.5 | pH 6.5～7.5 | pH＞7.5 |
| 总　汞 | 0.3 | 0.5 | 1.0 |
| 总　砷 | 40 | 30 | 25 |
| 总　铅 | 250 | 300 | 350 |
| 总　镉 | 0.3 | 0.3 | 0.6 |
| 总　铬 | 150 | 200 | 250 |
| 六六六 | 0.5 | 0.5 | 0.5 |
| 滴滴涕 | 0.5 | 0.5 | 0.5 |

## (四)果园空气质量

无公害果品生产要求果实不受有害空气、灰尘等的影响,以保持果面清洁。因此,要求果园及其周围没有排放有毒、有害气体的工业企业(如砖、瓦窑等)。果园空气质量要符合 GB/T18407.2—2001 的要求(表 3)。

表 3　空气质量指标

| 项　目 | 指标 (≤) | |
| --- | --- | --- |
| | 日平均 | 1 小时平均 |
| 总悬浮颗粒物(TSP)(标准状态,$mg/m^3$) | 0.3 | |
| 二氧化硫($SO_2$)(标准状态,$mg/m^3$) | 0.15 | 0.50 |
| 氮氧化物(NOx)(标准状态,$mg/m^3$) | 0.12 | 0.24 |
| 氟化物(F),( $ug/dm^2 \cdot d$) | 月平均 10 | |
| 铅(标准状态),($ug/m^3$) | 季平均 1.5 | 季平均 1.5 |

上述果园灌溉水质量、土壤环境质量和空气质量的测定,由无公害食品产地认定机构或其委托机构进行。无公害食品产品的认证,由无公害食品认证机构根据国家或行业标准进行。只有在果园规模、生产能力、产地环境等均达到无公害食品生产的要求时,才具备无公害果品生产的基础。

# 五、无公害果品生产采取的主要技术措施

无公害果品的一个重要指标,就是果实中有毒、有害物质的残留量,不超过规定标准。在水果生产中,除了土壤环境、灌溉水质量和空气质量对果实内在品质的影响以外,造成果实中有毒、有害物质超标的主要因素是施肥和农药使用。因此,做到合理施肥和科学防治病虫害,就成了生产无公害果品的关键技术。

## (一)施　肥

**1. 施肥原则**

无公害果品的施肥原则是,要以农家肥为主,化肥为辅,实行测土配方施肥。施入的肥料能保持和增加土壤肥力,不破坏土壤结构,有利于提高土壤微生物活性,对土壤环境和果品质量无不良影响。

**2. 施肥要求**

**(1)有机肥**　在无公害果品生产中,允许施用各种有机肥。常用的有机肥包括以下种类:

**①堆肥**　以多种秸秆、落叶、杂草等为主要原料,并以人、畜粪便和适量土混合堆制,经过好气性微生物分解发酵而成。

**②沤肥**　所用物料与堆肥相同。在淹水条件下,经过微生物嫌气发酵而成。

**③人粪尿**　必须是经过腐熟的人的粪便和尿液。

**④厩肥**　以马、牛、羊、猪等牲畜和鸡、鸭、鹅等家禽的粪便为主,加上粉碎的秸秆、泥土等混合堆积,经微生物分解发酵后而成。

**⑤沼气肥**　有机物料在沼气池密闭的环境下,经嫌气发酵和微生物分解,制取沼气后的副产品。

**⑥绿肥**　以新鲜植物体就地翻压或异地翻压,或经过堆沤而成的肥料。这类植物有豆科植物和非豆科植物。在果园利用的以豆科植物为多。

**⑦秸秆肥**　以麦秸、稻草、玉米秸和油菜秸等直接或经过粉碎后铺在果园地面,待在田间自然沤烂后翻入土中。

**⑧饼肥**　由油菜等作物的子实榨油后剩下的残渣制成的肥料,如菜籽饼、棉籽饼、豆饼、花生饼、芝麻饼和蓖麻饼等。这些肥料可直接施入,也可经发酵后施入。

**⑨腐殖酸肥**　以含有腐殖酸类物质的泥炭、褐煤和风化煤等,

经过加工而制成的含有植物所需营养成分的肥料。

**⑩蚯蚓粪肥** 利用秸秆、树叶等饲养蚯蚓的转化物。

**⑪商品有机肥** 以畜禽粪便、动植物残体等富含有机质的资源为主要原材料,采用工厂化方式生产的有机肥料。主要有精制有机肥、有机无机复混肥和生物有机肥。这类肥料必须通过国家有关部门登记并许可生产。

**(2)化肥** 在无公害果品生产中,允许有限度地使用部分化肥,但必须与有机肥配合使用。这些化肥必须通过国家有关部门登记并许可生产。在所施氮肥中,有机氮与无机氮的比例以1∶1为宜。允许使用的化肥包括以下几类:

**①氮肥类** 碳酸氢铵、尿素和硫酸铵等。

**②磷肥类** 过磷酸钙、磷矿粉和钙镁磷肥等。

**③钾肥类** 硫酸钾和氯化钾等。

**④复合(混)肥** 磷酸一铵、磷酸二铵、磷酸二氢钾、氮磷钾复合肥和配方类肥。

**⑤微肥类** 硫酸锌、硫酸锰、硫酸铜、硫酸亚铁、硼砂、硼酸和钼酸铵等。

**⑥微生物肥料** 这类肥料是以特定的微生物菌种培育生产的含有活的有益微生物制剂,包括根瘤菌肥料、固氮菌肥料、磷细菌肥料、硅酸盐细菌肥料和复合微生物肥料等。

**⑦叶面肥** 根据果树生长需要,可以进行叶面喷肥。喷施的肥料必须是国家正式登记的产品,且要掌握好浓度。

无公害果品生产禁止使用未经处理的城市垃圾、硝态氮化肥(如硝酸铵等)和未腐熟的人粪尿等。

## (二)病虫害防治

在无公害果品生产中,病虫害的防治原则是:以农业防治和人工防治为基础,根据病虫害的发生规律和经济阈值,适当采用化学防治，科学使用化学农药，积极推广生物防治技术，将病虫害控制在不造成经济损失的水平。无公害果品生产中的病虫害防治，要采用综合治理技术，主要包括以下几个方面：

**1. 强调农业防治的基础作用**

农业防治是病虫害防治的基础。各种病虫害的发生和危害，受其寄主和环境的影响很大。在枝叶茂密、通风透光不良的果园，病害发生较重；在偏施氮肥的果园，螨害发生严重。在实行篱架栽培的葡萄园，如果结果部位较低，就很容易发生葡萄白腐病。近年来，桃蛀果蛾在某些地区造成严重危害，与树冠茂密，结果量多，果实压弯枝条，甚至接近地面有很大关系。因此，通过采取一系列的栽培管理措施，改变有利于病虫害发生的环境条件，是病虫害防治的基础。例如，选择具有抗病虫特性的优良品种；采取合理的栽植密度；通过果树修剪，控制一定的留枝量，使树冠内通风透光良好；适当提高结果部位，使果实距地面稍高一些，以减少在土中越冬病菌的侵染机会；合理疏果，适当留量，减少果树负载量等。

**2. 经常实施人工防治技术**

人工防治病虫害，是最原始也是最有效的技术措施，通常是与果树管理密不可分的。最常用的方法是结合果树修剪，剪掉或刮除在枝条上或树干上越冬的病菌和害虫，能有效减少侵染源。有些人工防治法，是根除害虫发生的有效方法，如梨瘿华蛾（梨瘤蛾）和栗瘿蜂（栗瘤蜂）的防治，如果坚持连年剪除越冬虫枝，就可根除其为害。对有些害虫，可以直接采取人工方法予以杀灭，如在果园发生的各种卷叶蛾，发现卷叶后用手捏一下卷叶，就可将其中的幼虫杀死，又不影响叶片生长。有些害虫的幼虫有群聚发生的习性，可以利用其习性集中歼灭。对有些病害，非人工防治不能彻底。如苹果树腐烂病和柑橘脚腐病的防治，人工刮除病疤，然后涂药，是最有效的防治方法。秋季在树干上绑草把，能够诱集卷叶虫、梨小食心虫等卷蛾科和小卷蛾科害虫的幼虫和山楂叶螨等害螨在其中越冬,到冬季将其解下烧掉,能消灭其中的害虫。

**3. 实行果园生草**

果园生草,是指在果园行间种草或自然生草(不除掉杂草),在株间实行清耕。常用草种有紫花苜蓿、白三叶草、草木樨和禾本科草等。一般在草高 30~50 厘米时留 5~10 厘米高进行刈割。将割下的草直接覆盖在树盘上。果园生草的好处主要有以下几点:一是减少水土流失,保持土壤结构,有利于增加土壤微生物的活性;二是有利于改良土壤,培肥地力,增加土壤有机质含量,减少施肥;三是招引和蓄养天敌,为天敌活动提供场所。据研究,果园种植紫花苜蓿以后,天敌出现高峰期明显提前,而且数量增多。在 6 月份调查,种草区苹果树上的捕食性天敌,如小花蝽、瓢虫、草蛉、捕食性蓟马和蜘蛛等,其数量比不种草区分别增加 100%、58.8%、85.7%、100%和 66.7%。紫花苜蓿上的天敌种类更为丰富,据网捕调查,每 10 网中平均有小花蝽 36.4 头、食蚜盲蝽 0.8 头、瓢虫 37 头、草蛉 1.2 头、食蚜蝇 4.2 头、蜘蛛 1.5 头。而在清耕果园则很少见到这些天敌。生草果园不仅为天敌创造了良好的栖息场所,而且为其提供了丰富的食物,因此招引了大量天敌前来定居。在不喷施任何杀虫剂的情况下,苹果黄蚜、苹果害螨、金纹细蛾等害虫,均未达到防治指标。

另外,果园种草后,改善了果园的生态环境,使果园的物种丰富度明显提高。据在生草桃园的紫花苜蓿上调查,在昆虫活动盛期进行网捕,共捕到昆虫 23 种,其中天敌 13 种,害虫 10 种。在捕到的害虫中,可能为害果树的种类仅 2~3 种(非果树常见害虫);而捕获的天敌昆虫中,大部分种类是果树害虫的主要捕食者。这一结果表明,生草果园天敌的种类多于害虫,形成了天敌和害虫共栖的良好生态环境。这些天敌既可以果树害虫为食,又可以苜蓿草上的害虫为食,对果树害虫的大量繁殖起到了很好的抑制作用。试验表明,生草果园每年可减少农药施用 2~3 次。

**4. 大力推广生物防治**

在果园这个相对比较稳定的生态环境中，有着丰富的天敌资源。据冯建国等(2000年)报道，在靠近苹果园的小麦田，在麦收前平均每667平方米有捕食性天敌6万～7万头。在麦收后，这些天敌大部分迁往苹果园。在麦收后5天，果园中的天敌数量比麦收前增加了3.6倍，苹果黄蚜虫口减退率为78.43%；到麦收后7天，苹果黄蚜虫口减退率为97.95%，基本控制了蚜虫为害。在柑橘园，生存着大量自然天敌，这些天敌在自然界控制着害虫的发生。如澳洲瓢虫、大红瓢虫、小红瓢虫、红缘瓢虫、异色瓢虫、各种草蛉等捕食性昆虫，是多种介壳虫和蚜虫的有效天敌。尼氏钝绥螨、德氏钝绥螨等捕食螨和多种食螨瓢虫，是柑橘园害螨的主要天敌。保护和利用这些天敌，可以明显减少喷药次数。引进和释放天敌是增加果园天敌数量，控制害虫发生的主要生物防治措施。我国引进的苹果棉蚜日光蜂，是防治苹果棉蚜的有效天敌。这种寄生蜂在自然界对苹果棉蚜的发生起着重要的控制作用。松毛虫赤眼蜂是能够进行工厂化生产的害虫天敌，在果园主要用于防治苹果小卷叶蛾、梨小食心虫等卷蛾科害虫，已成为果园害虫综合防治的一项主要措施。

**5. 昆虫性外激素的应用**

昆虫性外激素是由雌成虫分泌的用以招引雄成虫前来交尾的一类化学物质。通过人工模拟其化学结构合成的昆虫性外激素，已经进入商品化生产阶段。我国在果树害虫防治上已经应用的有桃小食心虫、梨小食心虫、苹果蠹蛾、苹果小卷叶蛾、苹果褐卷叶蛾、梨大食心虫、金纹细蛾、桃潜蛾、桃蛀螟和枣黏虫等昆虫的性外激素。

昆虫性外激素在果树害虫防治上的应用，主要有以下3个方面：

**(1)害虫发生期监测**　利用昆虫性外激素进行成虫发生期监

测,具有准确度高、使用方便等优点,目前,已成为某些害虫预测预报的重要手段。

**(2)大量诱杀** 在果园设置一定数量的性外激素诱捕器,能够大量诱捕到雄成虫,减少自然界雌、雄成虫交尾的几率,从而达到治虫的目的。

**(3)干扰交尾(成虫迷向)** 在果园内悬挂一定数量的害虫性外激素诱芯,作为性外激素散发器。这种散发器不断地将昆虫的性外激素释放于田间,使雄成虫寻找雌成虫的联络信息发生混乱,从而失去交尾机会。

**6. 果实套袋**

果实套袋栽培是近几年我国推广的优质果品生产技术。果实套袋后,除了能增加果实着色、提高果面光洁度、减少裂果以外,还能防止病菌和害虫直接侵染果实,减少农药在果品中的残留。

**7. 科学使用化学农药**

在无公害果品生产中,禁止使用剧毒、高毒、高残留、致癌、致畸、致突变和具有慢性毒性的农药。果树上禁止使用的农药见表4。

**表4 无公害果品生产禁止使用的农药品种**

| 农药类型 | 农药名称 | 禁用原因 |
| --- | --- | --- |
| 有机砷杀菌剂 | 福美甲胂、福美胂 | 高残毒 |
| 取代苯类杀菌剂 | 五氯硝基苯 | 国外报道致癌 |
| 有机磷杀菌剂 | 稻瘟净 | 异味 |
| 有机氯杀虫、杀螨剂 | 滴滴涕、六六六、三氯杀螨醇 | 高残毒 |
| 甲脒类杀虫、杀螨剂 | 杀虫脒 | 慢性毒性、致癌 |

续表 4

| 农药类型 | 农药名称 | 禁用原因 |
| --- | --- | --- |
| 有机磷杀虫剂 | 甲拌磷、乙拌磷、久效磷、甲基对硫磷、对硫磷、甲胺磷、甲基异柳磷、氧化乐果、磷胺、治螟磷、地虫硫磷、灭克磷(益收宝)、水胺硫磷、氯唑磷、硫线磷、杀扑磷、特丁硫磷、甲基硫环磷 | 剧毒或高毒 |
| 氨基甲酸酯类杀虫剂 | 涕灭威、克百威、灭多威、丁硫克百威、丙硫克百威 | 剧毒或高毒或代谢物高毒 |
| 二苯醚类除草剂 | 除草醚、草枯醚 | 慢性毒性 |

生产 AA 级绿色食品和有机食品，禁止施用各种有机合成的化学农药。生产无公害果品和 A 级绿色食品，允许有限度地施用部分化学农药。施用的农药种类应符合无公害食品和绿色食品生产的有关规定。这些农药大部分是低毒品种，少数为中毒品种，其特点是喷在果树上或落在土壤中后，在自然条件下容易分解，在果树或土壤中残留量少，污染小。

根据果树病虫害的发生和危害程度，适当采取以下施药策略和方法：

**(1)重视果树发芽前施药尤其是石硫合剂**　大多数病菌和害虫(包括害螨)都在树体上越冬。在春季果树发芽以前，这些越冬的病菌和害虫(尤其是害虫)开始复苏或出蛰活动，并危害幼芽。这时喷药有以下优点：一是大部分害虫暴露在外面，又无叶片遮挡，容易接触药剂；喷到树干或枝条上的杀菌剂，易于杀死在树体上越冬的病菌，起到铲除菌原的作用。二是此时天敌数量少或天敌尚未活动，喷药不影响其种群繁殖。三是省药、省工。在果树发芽前使用的药剂或浓度与果树生长季往往不同，应根据树种和防治对象选择农药种类。石硫合剂是生产无公害果品允许使用的农药。在有机合成农药大量使用以前，这种农药是防治果树病虫害的常用农药。由于其熬制比较麻烦，在有机合成农药大量推广使用后，这种农药的使用受到很大限制。多年病虫害的防治实践证明，它具有有机合成农药不可替代的优点，因此应大力提倡使用。

**(2)在果树生长前期少用或不用化学农药** 果树生长前期(北方在 6 月份以前)是害虫发生初期，也是天敌数量增殖期。在这个时期喷施广谱性杀虫剂，既消灭了害虫，也消灭了天敌，而且消灭害虫的比率远远小于天敌，从而导致天敌一蹶不振，其种群在果树生长期难以恢复。据冯明祥等(2001)研究，从苹果树落花后至 6 月中旬不喷任何杀虫剂，各种(类)天敌的种群数量呈增加趋势，这些天敌主要有小花蝽、食虫蓟马、瓢虫和草蛉等，它们在果园对害虫(主要是蚜虫和叶螨)的发生起着良好的控制作用。而喷洒了广谱性杀虫剂(如桃小灵等)以后，天敌数量明显减少，多数种类的虫口减退率在 90%以上，从而导致天敌对害虫的失控，蚜虫和叶螨数量迅速增加，不得不再次使用化学农药加以控制。研究结果表明，在果树生长前期少喷或不喷广谱性杀虫剂，对保护天敌极为有利，并且能将害虫密度控制在不造成经济损失的水平上。

**(3)积极推广使用生物农药和特异性农药** 生物农药指利用生物或微生物及其代谢物经过工业加工制成的用于防治植物病虫害的一类物质。如杀菌剂中的多氧霉素、农抗 120 和农用链霉素等，杀虫剂中的苏云金杆菌、阿维菌素和浏阳霉素等。特异性农药一般为杀虫剂。这类杀虫剂能影响昆虫的生理代谢，害虫取食或触药后不能正常生长发育，如提前蜕皮或不能蜕皮等，通常称为保幼激素或蜕皮激素。这类农药用量较大的有除虫脲、灭幼脲、杀铃脲和氟虫脲等。

在这两类农药中，大多数品种对人、畜毒性很低，并且在植物体内容易降解，无残留，对环境无污染，对害虫的天敌比较安全，是生产无公害果品的首选农药。

**(4)选择低毒化学农药**　在生产A级绿色食品和无公害食品的国家标准或行业标准中，对允许使用的农药品种作了限定，对其使用方法和1年中的使用次数有明确规定。一般农药只限于喷雾施用，每种农药在一个生长季中允许使用1～2次，各种农药在果品中的残留量不得超过规定标准。

**(5)改变施药方法**　化学农药的主要施用方法是喷雾，但是，如果根据病虫的发生规律和危害习性，采用其他施药方法，如地面施药、树干涂药等，就会减少对非目标生物的影响。生产上常用的地面施药方法防治在土壤中越冬的害虫，如桃小食心虫、梨象鼻虫、梨实蜂、杏仁蜂等，已是防治这类害虫的主要方法。树干涂药法防治刺吸式口器害虫如蚜虫、介壳虫和木虱等，也是很有效的害虫防治方法。防治苹果、梨等果树腐烂病的最好方法，是在病患处涂药或将病疤刮除后涂药。

无公害果品生产中的病虫害防治是果树生产的一项综合技术。在具体实践中，应根据果园的生产管理水平和病虫害发生危害的程度，适当采取一些关键技术，打破农药万能的桎梏，树立病虫害综合治理的观念，并加以实施。

# 第二章 农药安全使用的基础知识

农药是果品生产中不可缺少的一类重要的生产资料，使用得当，能够有效防治病虫危害，实现果实的优质高产；使用不当，就会出现药害或人、畜中毒现象，给人类生活带来不便甚至灾难。因此，了解和掌握农药安全使用的基本知识尤为重要。

## 一、农药的概念及分类

农药是指用于预防或防治危害农林作物及其产品以及环境中的害虫、害螨、病菌、杂草、线虫和鼠类等有害生物，或者调节植物生长的一类物质，以及提高药效的辅助剂和增效剂等。这些物质可以是化学合成的，也可以来源于生物和其他天然产物。

农药的分类方式多种多样。按用途可分为杀虫剂、杀螨剂、杀菌剂、杀线虫剂、杀软体动物剂、杀鼠剂、除草剂和植物生长调节剂等；按原料来源分为矿物源农药（无机农药）、生物源农药（植物源、动物源、微生物源）和化学合成农药；按照对有害生物的作用方式，又将杀虫剂分为触杀剂、胃毒剂、内吸剂、熏蒸剂、引诱剂、驱避剂、拒食剂、不育剂和生长调节剂等；将杀菌剂分为保护剂、内吸剂；将除草剂分为触杀剂、内吸剂或灭生性和选择性除草剂。

### （一）杀虫剂

杀虫剂，是指用于防治危害各种植物、贮藏物、畜牧以及影响环境卫生的害虫的一类农药。这类农药包括无机杀虫剂、有机合成杀虫剂、植物杀虫剂、微生物杀虫剂、昆虫激素类杀虫剂等。按照杀虫剂对害虫的杀虫方式，将杀虫剂分为以下几种类型：

**1. 胃毒剂**

这类杀虫剂必须经昆虫的口腔进入体内。药剂喷于植物上以后，昆虫取食时将药剂食入体内，药剂在昆虫消化道内穿透肠壁达到血液，随血液循环到达作用部位，使昆虫中毒死亡。常见的胃毒剂有敌百虫、灭幼脲、氟啶脲、苏云金杆菌、昆虫病毒制剂和部分植物源农药。

**2. 触杀剂**

这类杀虫剂必须直接接触虫体后才能发挥作用。药剂可通过昆虫体壁或气门进入体内，使昆虫中毒死亡。大部分杀虫剂以触杀作用为主，兼具胃毒作用，尤其是化学合成杀虫剂更是如此。常见的触杀剂有辛硫磷、马拉硫磷、毒死蜱、抗蚜威、溴氰菊酯、氰戊菊酯等。

**3. 内吸剂**

这类杀虫剂施于植物体上以后（喷施或根施）易被植物吸收，随植物汁液在植物体内运转。当害虫尤其是刺吸式口器害虫（蚜虫、介壳虫、叶蝉和木虱等）吸取植物汁液时，将药剂吸入体内后中毒死亡。这类杀虫剂，常见品种有乐果、乙酰甲胺磷和吡虫啉等。

**4. 熏蒸剂**

这类杀虫剂具有很强的挥发性，在常温常压下可以将杀虫有效成分，以气体形式释放出来。当害虫吸入有毒气体后，药剂在体内发挥作用，使其中毒。常用的熏蒸剂有敌敌畏、棉隆、威百亩和磷化铝等。熏蒸剂一般在密封状态下使用，才能充分表现出杀虫效果。

**5. 昆虫生长调节剂**

昆虫幼虫或若虫在生长发育过程中，经过几次蜕皮才能达到成熟阶段。而昆虫产生蜕皮的行为受到体内分泌激素的影响，这些激素决定着昆虫的生长发育。人们模拟这些激素的化学结构，合成了这些激素的类似物。当昆虫取食或接触这些物质后，这些物质便进入昆虫体内，干扰昆虫的正常生长发育，如提前或延迟蜕皮等，使虫体生长异常以至死亡。这类杀虫剂常见品种，有除虫脲、灭幼脲、氟啶脲、氟虫脲和虫酰肼等。

**6. 昆虫性外激素**

昆虫性外激素，是雌成虫分泌的用以吸引雄成虫前来交尾的一类化学物质。人们模拟其化学结构，合成了类似物，用于防治害虫。严格来讲，这些物质不属于杀虫剂，因为它不能直接杀死害虫，而是通过影响成虫性行为，达到抑制害虫发生的目的。目前，在果树害虫防治上应用的昆虫性外激素种类有10几种。主要用于害虫发生期预测预报，有的可用于大面积诱杀或迷向。用得较多的有梨小食心虫、桃蛀果蛾、金纹细蛾、桃潜蛾等害虫的性外激素。

## (二)杀螨剂

杀螨剂是指用于防治危害各种植物、贮藏物、畜牧等的蛛形纲中的有害生物的一类农药。这类农药大多数是经过化学合成或工业发酵制成的产品。大多数杀螨剂只有杀螨作用，部分品种兼有杀虫作用；而大多数杀虫剂对害螨无效，仅有少数品种兼有杀螨作用。在杀螨剂中，有的品种对活动态螨（成螨和幼、若螨）活性高，对卵活性差，甚至无效；有的品种对卵活性高，对活动态螨效果差；有部分品种既可杀死活动态螨，也能杀死卵。常见的杀螨剂品种有四螨嗪、哒螨灵、噻螨酮、阿维菌素和三唑锡等。

## (三)杀菌剂

杀菌剂是指在一定的用量范围内，能够抑制或杀死引起植物病害的病原微生物的一类物质。这些物质可以是化学合成的，也可以是微生物或其代谢产物经工业加工制成的。根据杀菌剂的作用方式，可分为保护性杀菌剂和内吸性杀菌剂。

**1. 保护性杀菌剂**

保护性杀菌剂，指的是能够抑制病菌孢子萌发和防止病菌侵入的杀菌剂。这类杀菌剂应具有较强的附着力、较长的残药期和均匀的覆盖度，一般只能在植物未发病前喷布。常用的品种有波尔多液、福美双和代森锰锌等。

**2. 内吸性杀菌剂**

内吸性杀菌剂，是指能够进入植物体内并与病原菌发生作用，改变病菌致病过程的一类杀菌剂。这类杀菌剂能够渗入植物组织并被其吸收和传导，从而起到治病作用。常见的内吸性杀菌剂有多菌灵、甲基硫菌灵、三唑酮、三乙膦酸铝和多抗霉素等。

## (四)除 草 剂

除草剂，是指在一定的浓度范围内，能杀死或抑制杂草生长的一类化学物质。按照除草剂的作用方式，可将其分为选择性除草剂和灭生性除草剂。

**1. 选择性除草剂**

药剂喷到植物上以后，能够杀死或毒害某些植物，而对另外一些植物比较安全，这类除草剂称为选择性除草剂。例如，水稻田用的敌稗，喷药后只能杀死稗草，对水稻秧苗非常安全。

**2. 灭生性除草剂**

这类除草剂对植物无选择性或选择性很小，药剂喷到植物上以后，植物就会中毒死亡或生长异常。这类除草剂主要用于休闲地、田边、道旁等地的灭草，但也可以通过植物间的“位差”进行除草。如在果园，可利用果树高大、稀植和杂草低矮、密集的特点，用灭生性除草剂直接对杂草喷雾，可杀灭果园内的多种杂草，而不伤害果树。果园常用的除草剂大部分属于灭生性除草剂，如草甘膦和百草枯等。

### （五）植物生长调节剂

植物生长调节剂，是人工合成的具有与植物激素类似效应的一类化学物质。喷施植物生长调节剂以后，可以使植物的生长、开花和结果等朝着人们期望的方向发展。果树上常用的植物生长调节剂，有多效唑、赤霉酸和氯吡脲等。植物生长调节剂的用量不能过大或过小，否则会导致果树生长畸形或无效。

### （六）杀线虫剂

植物病原线虫是引起植物根部线虫病的主要病原微生物，能够杀死这类病原线虫的化学农药称为杀线虫剂。由于植物根部线虫基本上都侵害植物根系，所以几乎所有杀线虫剂都是土壤处理剂。果树上用于防治果树根结线虫病的药剂，有棉隆、苯线磷和二氯异丙磷等。

### （七）灭鼠剂

灭鼠剂，是指用于防治有害啮齿类动物的化学毒剂，包括绝育剂、驱避剂等。目前，使用方法简便、比较安全的灭鼠剂主要有两大类，即抗凝血性灭鼠剂和急性灭鼠剂。

## 二、农药的加工剂型

任何农药都必须经过加工，制成特定的形态才能在生产中施用。农户使用的商品农药，都是由工厂经过加工而成的。农药的加工剂型，主要有以下几种：粉剂、可湿性粉剂、乳油、颗粒剂、缓释剂、超低量喷雾剂、胶悬剂（悬浮剂）、烟剂、可溶性粉剂或称水溶性粉剂、液剂（水剂）、片剂、油剂和种衣剂等。现将果树上常用的几种农药剂型介绍如下：

### (一)可湿性粉剂

可湿性粉剂,是果园农药的一种常用剂型。它由农药原药、填充料和湿润剂按一定比例混合后,用机器粉碎至一定细度,再将其混合均匀而形成。这种剂型质量的优劣,主要表现为粉粒的细度。粉粒越细,在水中的悬浮率越高,在植物上的黏着性也就越好。反之,悬浮率就低,对病害的防治效果就差。可湿性粉剂需要加水稀释后喷雾,一般不作直接喷粉或撒施。其常用农药有多菌灵、代森锰锌、甲基硫菌灵和甲霜灵等,大都是可湿性粉剂。

### (二)乳　油

乳油是由原药和有机溶剂及乳化剂按一定比例混合制成的油状液体,为一种主要加工剂型,它具有有效成分含量高、药效好、使用方便等优点。在果树上应用的大部分杀虫、杀螨剂都是乳油,如敌敌畏、马拉硫磷、辛硫磷、氰戊菊酯、阿维菌素和哒螨灵等。

### (三)胶悬剂(悬浮剂)

胶悬剂是由农药原药与载体、分散剂混合后,在水或油中经多次磨碎而成,其物理状态为胶状液体。在果树上常用的为水液胶悬剂,可供加水稀释后喷雾。胶悬剂在存放过程中有沉淀现象,使用时摇匀,不影响药效。常用的品种有灭幼脲和四螨嗪等。

### (四)缓 释 剂

缓释剂型是利用物理和化学手段,将农药贮存于农药的载体中,然后使之有控制地释放出来。常用的有微胶囊剂,如甲基对硫磷胶囊剂和用于制作昆虫性外激素诱芯的塑料(橡胶)结合剂等。

### (五)片 剂

将农药原药、填充料和辅助剂混合均匀后制成的片状制剂。果树上用来防治蛀干害虫(如天牛幼虫)的磷化铝即为片剂。

## 三、农药的使用方法

农药的使用方法有多种,包括喷粉法、喷雾法、熏蒸法、拌种法、浇灌法、浸渍法、涂抹法、撒施法、毒饵法和土壤处理法等。一般是根据病虫的生物学特性、危害部位、发生规律以及农药种类和剂型,选择施药方法。现将果树上常用的几种施药方法介绍如下:

### (一)喷 雾 法

喷雾法是将农药制剂按一定比例加水稀释后,用喷雾器械喷布于目标物上(树上、杂草、地面等处)的一种施药方法。农药制剂中除了超低量喷雾剂不需加水稀释而直接喷洒以外,可供液态使用的制剂如乳油、可湿性粉剂、水剂、胶悬剂和可溶性粉剂等,均需加水稀释至一定浓度后喷洒施用。

### (二)涂 抹 法

将农药制剂加水或加入具有黏着性的辅助剂稀释后,涂抹于病疤处、害虫为害处、树干或枝条上,这种施药方法称为涂抹法。用涂抹法防治病虫害,多选择内吸性或渗透性较好的药剂,以便使药剂被植物吸收。用药剂涂病疤防治果树腐烂病,用药剂涂树干防治蚜虫和介壳虫等,均属于涂抹法。

### (三)土壤处理法

将药剂按一定比例加水稀释后喷雾于地面,称为土壤处理法。

有时喷药后需将药、土混匀，如防治在土壤中越冬的桃小食心虫幼虫；有时则不需要，而是在地表形成一层药膜，如用于土壤处理的除草剂等。

### （四）熏蒸法

这种方法是采用具有熏蒸杀虫作用的药剂，在密闭的环境中，靠药剂释放的毒气杀虫。果树上常用来防治蛀干性害虫，如天牛等。在大棚果树栽培中，也可采用熏蒸法防治病虫害。为防治果树苗木上携带的病虫，也可在栽植前搭上棚帐进行药剂熏蒸。

### （五）浸渍法

将药剂按所需浓度加水稀释后，把带有病虫的材料（苗木或接穗）浸入药液中一定时间，以杀死其携带的病菌或害虫。这种施药方法称为浸渍法。有时为了预防果实贮藏期发病，将欲贮藏的果实放在配制好的药液中浸一下，捞出晾干后贮藏，也称为浸渍施药法。

## 四、农药品种的选择

据报道，现有农药品种近 2 000 种，制剂种类数以万计。在如此多的农药品种中，如何选择合适的农药品种并科学使用，是果农常常遇到的实际问题。现根据果树病虫害的防治实践，介绍几个选择农药品种的方法。

### （一）根据防治对象选择农药

在果树生长季，经常有多种病虫害同时发生，但严重影响果树正常生长和结果的种类并不多。在果树生长的某一个阶段，仅有一两种病虫害是主要种类，需要防治，其他种类在防治主要病虫害时可以兼治。在需要防治的种类中,可能是病害,也可能是虫害或螨害。因此,在喷药以前,首先要确定以哪一种病虫害为主要防治对象,是病害就要用杀菌剂,是虫害就要用杀虫剂,是螨害就要用杀螨剂。如果需要防治杂草,就要用除草剂。切不可将这几类农药混淆,否则在使用时出现错误,轻者无效,造成浪费,重者出现药害,劳民伤财。

## (二)根据病虫危害特性选择农药

每一种病虫害都有其危害特性,有的病虫仅危害叶片,有的病虫仅危害果实,有的病虫既危害叶片,也危害果实;有的害虫营钻蛀性生活,一生中仅有部分发育阶段或时期暴露在外面等。了解病虫的危害特性,有助于选择农药品种。例如,防治为害叶片的咀嚼式口器害虫(如各种毛虫),要选择胃毒剂或触杀剂;防治刺吸式口器害虫,如蚜虫、叶蝉、木虱和介壳虫等,要选择内吸性强的杀虫剂;防治蛀干害虫,要选择熏蒸作用强的杀虫剂;防治果园杂草,在成龄果园,可选择灭生性除草剂。

## (三)根据病虫害发生规律选择农药

各种病虫害在不同地区都有其特有的发生规律。根据病虫害的发生规律选择农药品种,在防治上可以做到有的放矢。例如,多种病害在发病以前都有一个初侵染期,如果在这个时期喷药,就要选择具有保护作用的杀菌剂。当病菌一旦侵入寄主以后,用保护性杀菌剂防治就无效或者效果甚微,因而必须用内吸性杀菌剂。有些病害具有侵染时期长和潜伏侵染的特性,如苹果和梨的轮纹病,在防治时既要考虑防治已经侵入寄主的病菌,又要考虑防止新病菌的侵染,因此,需要选择既有治疗作用,又有保护作用的杀菌剂。

### （四）根据病虫害的生物学特性选择农药

各种病虫害都有其自身的生物学特性，了解这些特性是开展病虫害防治的基础。例如，防治在土壤中越冬的桃小食心虫、梨象鼻虫和柑橘芽瘿蚊等害虫时，在春季害虫出土期于地面喷药，应选择触杀性强的杀虫剂；而在成虫产卵期往树上喷药，就得选择既有触杀作用，又有胃毒作用的杀虫剂。防治蛀干害虫，在防治蛀入枝干内的幼虫时，要用熏蒸剂，并施药于蛀道内；而防治成虫或卵时，就要用触杀剂，并往树上喷雾。

### （五）根据农药的特性选择农药

各种农药都有一定的适用范围和适用时期，并非任何时期施用都能获得同样的防治效果。有些农药品种对气温的反应比较敏感，在气温较低的情况下效果不好，而在气温高时药效才能充分发挥出来。如炔螨特在夏季使用的防治效果明显高于春季。有的农药对害虫的某一发育阶段有效，而对其他发育阶段防治效果较差。如四螨嗪，对害螨的卵防治效果很好，而对活动态螨防治效果很差。灭幼脲等昆虫生长调节剂类杀虫剂，只有在低龄幼虫期使用，才能表现出良好的防治效果。

## 五、农药的配制

农药的商品制剂除了用于超低量喷雾的制剂以外，都需要与水或其他载体按一定比例混合后施用，这个过程称为农药配制。农药经加水配制后的液体称为药液。药液浓度的控制和质量的优劣，对保证防治效果和果树安全至关重要。

## (一)农药的使用浓度

各种农药因有效成分含量不同或防治对象不同,使用的浓度也可能会不同。商品农药的标签和说明书中,一般都标明该药剂的有效成分含量和防治对象所使用的浓度。我国农药的商品制剂一般用百分数(%)标明有效成分含量(以重量计算),用稀释倍数说明使用浓度。例如,50%多菌灵可湿性粉剂,防治苹果轮纹病的稀释倍数为600～800倍。实际上,将药剂加水稀释600～800倍以后,其浓度就变为0.06%～0.08%。由于在配制过程中直接用浓度表示比较麻烦,所以一般药剂在标签上只注明稀释倍数,这样在配制药液时也比较方便。

## (二)对稀释剂的要求及配制步骤

稀释剂是将农药施于目标物上所用的载体。如农药撒施法用的稀释剂是细沙或细土,毒饵用的稀释剂是麦麸或菜叶,喷雾用的稀释剂是水。稀释农药对水有一定的要求。一般来说,不用工业污染的水,不用生活和工厂的排污水,不用硬度较大的水(如海水等)。

稀释农药的步骤一般分三步:一是正确计算所需农药和水的量,二是准确量取农药和水,三是将农药均匀分布在水中。一般来说,在正确量取农药和水以后,取少量水将药剂稀释成母液(尤其是可湿性粉剂),然后再将剩余水加入,搅拌均匀。

## (三)农药配制的计算方法

农药加水稀释的方法有2种:一种是按照单位面积农田中所需要的药剂有效成分来表示,其加水量应根据喷雾机具的种类及性能来决定,这种方法一般用于农田或蔬菜田,也是国际上通用的计算方法。国内目前比较通用的方法是按照农药的稀释倍数来计算，通常用于果园或森林施药。这种方法因喷药器械造成的误差可能会比较大，但使用比较方便。

**1. 求商品药剂的用量**

求稀释 100 倍以下的商品药剂的用量，计算公式为：

$$商品药剂用量(千克)=\frac{稀释剂(水)用量(千克)}{稀释倍数-1}$$

求稀释 100 倍以上的商品药剂的用量，计算公式为：

$$商品药剂用量(千克)=\frac{稀释剂(水)用量(千克)}{稀释倍数}$$

**2. 求稀释剂(水)的用量**

求稀释 100 倍以下的稀释剂(水)的用量，计算公式为：

$$稀释剂(水)用量=商品药剂用量\times(稀释倍数-1)$$

求稀释 100 倍以上的稀释剂(水)的用量，计算公式为：

$$稀释剂(水)用量=商品药剂用量\times稀释倍数$$

## 六、农药的混用

在果树生长季节，往往是多种病虫害同时发生，在喷药时也经常把 2 种或 2 种以上农药混在一起施用。这种方法叫做农药的混用。农药混用得合理，能提高工效和防治效果；农药混用不合理，不仅不能提高防治效果，而且还可能造成药害。因此，农药的合理混用对提高防治效果和保障果树生长关系密切。

### (一)农药混用的原则

农药能否混用，取决于农药的理化性质。一般来说，酸性农药不能与碱性农药混用；农药混合后，各自的防治效果不能下降；2 种或 2 种以上杀虫剂或杀菌剂混合后，应具有增效作用，而不是减效；农药混合后防治谱有所增加。

## (二)农药混用时各种单剂用量的计算

在农药混合使用时,各种农药的取用量必须根据共用的水量分别计算,然后将2种或2种以上农药同时加入到水中。其计算公式(稀释倍数在100倍以上)如下:

$$药剂甲用量=\frac{稀释剂(水)用量}{药剂甲的稀释倍数}$$

$$药剂乙用量=\frac{稀释剂(水)用量}{药剂乙的稀释倍数}$$

在2种或2种以上农药混合使用时,如果剂型相同,先将农药各自配成母液后,将母液混合均匀,再加入剩余的水完全稀释。如果1种是乳油,另1种是可湿性粉剂,则先将乳油稀释后,再加入可湿性粉剂的母液,以便使所用药剂均匀分布在水中。

# 七、施药技术与效果

果树病虫害防治的施药以喷雾法为主,大多数是将药液喷雾于树体上,有时也作地面喷雾。喷雾施药与防治效果的关系,除了对农药剂型有一定的要求以外,与施药器械关系更为密切。没有好的施药器械和施药技术,即使用了很多农药,也收不到好的防治效果。

## (一)喷雾器械

目前,我国大部分果园采用的喷药器械,为手动喷雾器和以机械为动力的喷雾器。这2种类型喷雾机械的喷雾原理是相同的,只是所用动力不同,前者是以人力为动力,后者是以机械为动力。在人力为动力的手动喷雾器中,用得较多的是踏板手压喷雾器和单管喷雾器。这2种喷雾器都需要两个人同时操作,1人摇动拉杆，另外1人把持喷杆。踏板手压喷雾器的压力较大，可以安装2根喷药管，由两人把握喷头，以提高工作效率，其有效工作距离（以喷雾器为中心向四周的半径）为50米。单管喷雾器压力较小，也可安装2根喷药管，但喷雾效果不如踏板手压喷雾器。这种喷药器的有效工作距离为30米。在以机械为动力的喷雾器中，应用较多的是3W-22型高压喷雾器或类似机型，这种喷雾器可以固定在手扶拖拉机上，也可以固定在担架上；可以柴油机（或汽油机）为动力，也可以电动机为动力。其工作压力比以人力为动力的喷雾器大得多，喷雾均匀，在1台机器上可安装2根喷药管。其有效工作距离较大，可加长喷管至100～200米，仍能获得很好的喷药效果。在6.67公顷（100亩）以上的果园，宜采用这种喷雾机器。

果园送风式喷雾机，是一种适用于较大面积果园施药的喷药机械，它具有喷雾质量好，省药、省水、生产效率高等优点，但需要与果树的栽植密度、树冠高度和树型等相配合，并且需要有一定的作业道。目前，这种类型的喷雾机在国内只有少数果园使用。

## （二）喷雾质量与防治效果

农药只有通过喷雾器械到达目标物（果树、病虫、杂草）上，才能发挥作用。因此，喷雾质量的好坏就成了影响防治效果的关键因素。喷雾器的工作原理就是将药液经过雾化，以雾珠的形态喷洒到植物上或其他处理物上，使药液在被喷洒物的表面形成一层连续的液膜。雾滴越小，越容易黏着在植物体表面，也越容易形成液膜；雾滴越大，药液越容易积聚成水珠而流淌或滴药。药液只有在植物体或虫体表面分散均匀，才能起到杀死病虫的作用，达到防治目的。

根据喷雾器喷出药液雾滴的大小和单位面积上所用药液的多少，将喷雾方式分为大容量（常量）、小容量（少量）、低容量和超低容量（微量）4种类型。各种喷雾方式的有关参数见表5。

表 5 农药喷雾方式有关参数

| 喷雾方式 | 药液用量（升/667 米$^2$） | 有效浓度（%） | 雾滴直径（微米） | 农药利用率（%） |
| --- | --- | --- | --- | --- |
| 大容量(常量) | ＞50 | 0.01～0.05 | ＞250 | 30～40 |
| 小容量(少量) | 1～10 | 1～5 | 100～250 | 60～70 |
| 低容量 | 0.33～1 | 5～10 | 15～75 | 60～70 |
| 超低容量(微量) | ＜0.33 | 25～50 | 15～75 | 60～70 |

目前，我国在果树病虫害防治上采用的主要是大容量(常量)喷雾方式。采用这种喷雾方式喷出的雾滴较大，用药液量较多。因此，要提高防治效果，就要力求做到使药液雾滴越小越好。一般来讲，喷药时喷头不能离树叶太近，一般以 50 厘米左右为宜，更不能把喷头贴在树叶或树枝上。这样，既可以避免气雾对叶片的冲击力过大，将叶片吹落，又可以防止因刚从喷头喷出的雾滴雾化过程尚未完成，雾滴粗大，不能均匀地分布在植物表面。有的果农在喷药时尤其是往树冠顶部喷药时，将喷枪的射程调到最大，喷出的药液不能雾化。这些药液也只是从树叶或树枝上匆匆而过，便滚落地上，农药利用率不到 30%。为了提高农药利用率，就得设法使喷出的雾滴变小，提高药液在植物体表面的覆盖率。在目前使用大容量喷雾器械的情况下，可以根据液体雾化原理，通过提高喷雾器压力和经常更换喷头喷片，使雾滴变细，来提高喷药质量，保证获得较好的防治效果。

# 八、农药残留及控制技术

使用农药防治果树病虫害后，就会在果实、土壤以及周围环境中残存微量的农药残体或有毒代谢物质，这就构成了农药残留。在正确施用农药的情况下，大多数农药残留对人、畜是无害的。有些农药分解很快，没有残留或残留量很少。但是，如果不正确使用农药，造成农药在果实及环境中的残留量过大，就会对人、畜健康产生不良影响，或通过食物链对生态系统中的生物造成毒害，就造成了农药的残留毒性。《农药合理使用准则》中的一个重要指标是农药最大残留限量，简称 MRL（以毫克/千克表示），即在农产品或食品中允许残留微量农药或其代谢物，这个残留量对人、畜是无害的，如果超过这个量，就属于农药残留超标。目前，我国执行的无公害食品和绿色食品标准中，对农药残留量都有明确规定，只有符合规定标准的农产品，才可认证为无公害农产品或绿色食品。

造成农药在果品中残留超标的主要原因，是农药使用量过大。据调查，在北方一般生产性苹果园，每年喷药次数为 13～14 次，农药投入占生产性投入的 25%～30%。在生产中，有些果农使用农药的品种单一，自己认为哪种农药有效，在一年中便重复使用这种农药，甚至几年一贯制。结果造成这种农药在果品中残留超标。有的果农仍然使用国家禁用的高毒、高残留农药品种，也是造成农药残留超标的主要原因。

在目前和今后很长一个时期内，果树病虫害的防治仍然离不开化学农药，所以，农药的残留问题也将随之而存。因此，在无公害果品生产中，就要通过采取一系列技术措施，控制或避免农药在果品和环境中的残留，保证农药在果品中的残留量不超过规定限量标准。

## （一）减少农药用量

农药用量过大表现在两个方面，一是用药次数多，二是用药剂量大。所谓农药用量大是指在一定面积上施用的农药有效成分量大。研究表明，在树龄高的老果园，其土壤中六六六和滴滴涕的残留量明显高于低龄果园；喷药次数多的果园，果品中的农药残留量明显大于喷药次数少的果园。要想降低农药用量，一是要根据病虫害的发生规律，在关键时期用药，不要打“保险药”，减少农药的使用次数。二是按照农药产品标签的推荐用量使用，不得随意加大剂量，以减少单位面积上的绝对药量。

## （二）用低毒、低残留农药品种取代高毒、高残留农药品种

我国无公害果品生产中禁止使用高毒、高残留农药品种，允许有限度地使用部分低毒或中毒农药品种。有些果农不愿接受新事物，总认为过去使用的农药品种效果好，价格低，不愿放弃。实际上，随着农药工业的发展，农药新品种不断涌现，一些高效、低毒、低残留的农药品种已普遍使用，防治效果明显优于老品种。例如，防治蚜虫等刺吸式口器害虫的吡虫啉，有效成分用量只有氧化乐果的 1/40；防治叶螨的阿维菌素，其有效成分用量是三氯杀螨醇的 1/56。

## （三）交替使用农药

我国无公害农产品生产标准中规定，允许使用的农药品种，原则上在一个生长季使用 1～2 次。研究表明，用不同类型的农药交替使用防治果树病虫害，能够避免农药在果品中的残留，或将农药残留量控制在允许的范围内。在选择农药时，除了用不同类型的农药（如有机磷类、拟除虫菊酯类和昆虫生长调节剂类等）交替使用外，还可用同一类型中的不同品种（如有机磷中的辛硫磷、毒死蜱等，或拟除虫菊酯中的氰戊菊酯、氯氰菊酯等）交替使用。这样，就可做到一种农药在一个生长季节仅使用一次，且不造成农药残留量超标。另外，农药交替使用还可延缓病虫产生抗药性。

## （四）注意农药的安全间隔期

农药安全间隔期，是指自最后一次施药至果实采收时的间隔

时间。农药安全间隔期的确定考虑了很多因素，包括最大无副作用剂量、安全系数、食品的日摄入量、在某种作物上或作物内的分解半衰期、农药的施用次数等。为了有效控制农药在作物上的残留，对每一种农药都应该确定其在不同作物上的安全间隔期，以限制最后一次施药的时间，将农药残留量控制在规定的允许范围内，这是确保农产品食用安全的重要措施。我国颁布的中华人民共和国国家标准《农药合理使用准则》，规定了多种农药在不同作物上的安全间隔期。为了保证生产出无公害果品，在使用农药时，应严格按照农药的安全间隔期施用农药。

### （五）采用多种施药方法

果树病虫害化学防治的施药方法主要是喷雾，而且是大容量喷雾。这种方法施药方便，工作效率高，但是农药用量较大，真正喷在有害生物体上的药量有限，这也是造成农药污染环境的主要因素。在有的情况下，如果能够采取其他施药方法，如树干涂药、局部施药和地面用药等，可以减少农药用量。如可以利用某些杀虫剂的内吸性，往树干上涂药，药剂被树体吸收后可以传导到植物的各个部位，使害虫中毒死亡。防治桃小食心虫的一个重要措施，就是在越冬幼虫出土期进行地面施药，以杀死出土的幼虫，从而减少树上喷药次数，防治效果比单独进行树上喷药明显提高。

### （六）提高农药利用率

长期以来，我国在果树病虫害的化学防治上，一直采用大容量喷雾法，将树体喷洒到淋浴状态为标准。实际上，采用这种方法喷雾，覆盖在果树上的药液远远少于掉在地上的药液，即大部分农药流失到土壤中，造成农药对土壤的污染，农药的利用率很低，仅为20％～30％。如果采用小容量或低容量喷雾，就可以明显提高农药利用率，达到60％～70％，从而降低农药用量，减少污染和残留。目前情况下,在我国全部采用小容量或低容量喷雾还很难做到,一是需要有相应的喷雾器械,二是果树的栽培方式要与之相匹配。在采用大容量喷雾的情况下,只有提高药液的雾化效果,才能保证药液均匀覆盖在植物体表面,提高农药利用率。

总之,果树生产中既然使用化学农药,就不可避免地造成农药在果品中的残留,关键问题是如何避免和控制农药残留的产生和不造成残留毒害。从我国目前果树病虫害的发生和危害程度来看,采用病虫害综合防治技术,科学使用化学农药,将农药残留控制在允许范围内是完全可能的。

# 九、我国农药使用和管理的一些规定

农药既然是一类有毒有害物质,那么在使用和管理上就有别于一般的农用物资。我国政府对农药的使用和管理非常重视,曾经出台了许多关于农药管理的法律和法规,这对普及农药安全使用和管理的科学知识,起了巨大的推动和保障作用。

## (一)农药使用的规定

早在 1982 年,我国农牧渔业部就发布了《农药安全使用规定》,对农药分类、农药使用范围、农药的购买运输和保管、农药使用中的注意事项、施药人员的选择和个人防护等有关问题,作了明确规定。1997 年,国务院颁布了《农药管理条例》,1999 年,中华人民共和国农业部令第 20 号 颁布了《农药管理条例实施办法》,对农药使用作了明确界定:各级农业行政主管部门及所属的农业技术推广部门,应当贯彻“预防为主,综合防治”的植保方针,指导农民按照《农药安全使用规定》和《农药合理使用准则》等有关规定使用农药,做好农药科学使用技术和安全防护知识培训工作,防止农药中毒和药害事故发生。农药使用者应当确认农药标签清晰,农药登记证号或者农药临时登记证号、农药生产许可证号或者生产批准文件号齐全后，方可使用农药，并应严格按照产品标签规定的剂量、防治对象、使用方法、施药适期、注意事项施用农药，不得随意改变。各级农业技术推广部门应当大力推广使用安全、高效、经济的农药。剧毒、高毒农药不得用于防治卫生害虫，不得用于瓜类、蔬菜、果树、茶叶和中草药材等。

2002 年 6 月 5 日，中华人民共和国农业部公告第 199 号，公布了国家明令禁止使用的农药和不得在蔬菜、果树、茶叶和中草药材上使用的高毒农药品种清单。这些农药包括：六六六、滴滴涕、毒杀芬、二溴氯丙烷、杀虫脒、二溴乙烷、除草醚、艾氏剂、狄氏剂、汞制剂、砷类、铅类、敌枯双、氟乙酰胺、甘氟、毒鼠强、氟乙酸钠、毒鼠硅等。在蔬菜、果树、茶叶和中草药材上不得使用和限制使用的农药包括：甲胺磷、甲基对硫磷、对硫磷、久效磷、磷胺、甲拌磷、甲基异柳磷、特丁硫磷、甲基硫环磷、治螟磷、内吸磷、克百威、涕灭威、灭线磷、硫环磷、蝇毒磷、地虫硫磷、氯唑磷和苯线磷等 19 种高毒农药。三氯杀螨醇、氰戊菊酯，不得用于茶树上。任何农药产品都不得超出农药登记批准的使用范围使用。各级农业部门要加大对高毒农药的监管力度，按照《农药管理条例》的有关规定，对违法生产、经营国家明令禁止使用农药的行为，以及违法在果树、蔬菜、茶叶和中草药材上使用不得使用或限制使用农药的行为，予以严厉打击。各地要做好宣传教育工作，引导农药生产者、经营者和使用者，生产、推广和使用安全、高效、经济的农药，促进农药品种结构调整步伐，促进无公害农产品生产发展。

2002 年 7 月 1 日，农业部发布的《关于印发无公害农产品生产推荐农药品种和植保机械名单》指出，为了满足各地在无公害农产品生产过程中防治病虫害的需要，在示范、应用的基础上，经专家评审，提出了“无公害农产品生产推荐农药品种和植保机械”名单。希望广大农技人员和农业生产者在指导、使用这些农药品种时，严格遵守农药安全使用规程和合理使用准则的要求，并按照农药登记所确定的对象，在规定的范围内使用。其中杀虫、杀螨剂包括以下几类（带 * 号者不能在茶叶上使用）：①生物制剂和天然物质：苏云金杆菌、甜菜夜蛾核多角体病毒、银纹夜蛾核多角体病毒、小菜蛾颗粒体病毒、茶尺蠖核多角体病毒、棉铃虫核多角体病毒、苦参碱、印楝素、烟碱、鱼藤酮、苦皮藤素、阿维菌素、多杀霉素、浏阳霉素、白僵菌、除虫菊素和硫黄。②菊酯类：溴氰菊酯、氟氯氰菊酯、氯氟氰菊酯、氯氰菊酯、联苯菊酯、氰戊菊酯*、甲氰菊酯*和氟丙菊酯。③氨基甲酸酯类：硫双威、丁硫克百威、抗蚜威、异丙威和速灭威。④有机磷类：辛硫磷、毒死蜱、敌百虫、敌敌畏、马拉硫磷、乙酰甲胺磷*、乐果、三唑磷、杀螟硫磷、倍硫磷、丙溴磷、二嗪磷和亚胺硫磷。⑤昆虫生长调节剂：灭幼脲、氟啶脲、氟铃脲、氟虫脲、除虫脲、噻嗪酮*、抑食肼和虫酰肼。⑥专用杀螨剂：哒螨灵*、四螨嗪、唑螨酯、三唑锡、炔螨特、噻螨酮、苯丁锡、单甲脒和双甲脒。⑦其他类：杀虫单、杀虫双，杀螟丹、甲胺基阿维菌素、啶虫脒、吡虫啉、灭蝇胺、氟虫腈、溴虫腈和丁醚脲。杀菌剂包括以下几类：①无机杀菌剂：碱式硫酸铜、王铜、氢氧化铜、氧化亚铜和石硫合剂。②合成杀菌剂：代森锌、代森锰锌、福美双、乙膦铝、多菌灵、甲基硫菌灵、噻菌灵、百菌清、三唑酮、三唑醇、烯唑醇、戊唑醇、已唑醇、腈菌唑、乙霉威·硫菌灵、腐霉利、异菌脲、霜霉威、烯酰吗啉·锰锌、霜脲氰·锰锌、邻烯丙基苯酚、嘧霉胺、氟吗啉、盐酸吗啉胍、恶霉灵、噻菌铜、咪鲜胺、咪鲜胺锰盐、抑霉唑、氨基寡糖素、甲霜灵·锰锌、亚胺唑、春雷·王铜、恶唑烷酮·锰锌、脂肪酸铜和松脂酸铜、腈嘧菌酯。③生物制剂：井冈霉素和农抗 120、茹类蛋白多糖、春雷霉素、多抗霉素、宁南霉素、农用链霉素。

为了确保在无公害农产品生产中禁止使用一些高毒农药，2006 年 4 月 4 日，我国农业部、国家发展和改革委员会、国家工商行政管理总局和国家质量监督检验检疫总局，联合发布第 632 号公告，规定自2007年1月1日起，全面禁止甲胺磷、对硫磷、甲基对硫磷、久效磷和磷胺等5种高毒有机磷农药在国内销售和使用，撤销所有含甲胺磷等5种高毒有机磷农药产品的登记证和生产许可证（生产批准证书）。各级农业、发展改革（经贸）、工商、质量监督检验等行政管理部门，要按照《农药管理条例》和相关法律、法规的规定，自2007年1月1日起，对非法生产、销售和使用甲胺磷等5种高毒有机磷农药者，要按照生产、销售和使用国家明令禁止农药的违法行为，依法进行查处。

## （二）农药管理的规定

自20世纪90年代以来，我国农药产业发展迅速，农药品种和产量增加很快，由20世纪80年代的依靠进口，发展到现在不仅能够满足国内需要，而且还大量出口的阶段。1997年，国务院颁布了《农药管理条例》，标志着我国农药管理走上了法制轨道。在《农药管理条例》框架下，农业部陆续出台了《农药管理条例实施办法》、《农药限制使用管理规定》、《农药登记资料要求》等一系列规章和规范性文件，为进一步规范农药管理提供了法律保障。尽管如此，在建立不断完善的市场经济过程中，农药管理方面也出现了一些问题，突出的是产品数量多、一药多名、标签管理不规范等，尤其是同一种农药会出现很多商品名称，这就给农民在选择农药时造成很大麻烦。为了解决这些问题，2007年12月8日，农业部颁布了《关于修订＜农药管理条例实施办法＞的决定》、《农药登记资料规定》、《农药标签和说明书管理办法》3个农业部令，同时发布了《农药名称管理规定》（农业部公告第944号）。同年12月12日，农业部与国家发改委联合发布了关于规范农药名称命名和农药产品有效成分含量2个公告。为解决农药市场“一药多名”问题，规范农药名称登记核准，维护农药消费者权益，《农药名称管理规定》指出：自2008年1月8日起，停止受理和审批农药商品名称，农药名称按照《农药标签和说明书管理办法》的规定执行；在此以前获得批准使用商品名称的农药产品，或者已登记使用的农药名称，与《农药管理条例实施办法》规定不一致的农药产品，相关企业应当携带农药登记证或农药临时登记证原件、原登记核准的农药标签和说明书原件、新设计的标签和说明书样张，到农业部农药检定所办理变更手续；自 2008 年 7 月 1 日起，农药生产企业生产的农药产品一律不得使用商品名称。

通过这些改革，有关专家预计，我国农药产品名称可由目前的 16 000 个减少到 1 700 个，农药登记的数量也将明显减少，“一药多名”、产品数量多等问题将得到解决，农药标签也将得到进一步规范。取消农药商品名称后，一律使用通用名称或简化通用名称，使农药使用者更容易了解产品的真实特性，从而避免重复用药、盲目用药，为农民选择农药提供了很大的方便。这对减少农药用量、提高农产品质量、保护生态环境和确保人身健康，都将产生积极的作用和深远的影响。

# 第三章　杀虫剂

## 阿维菌素

**【理化性质及特点】**　原药为白色至黄白色结晶。难溶于水，可溶于甲苯、丙酮等有机溶剂。无气味，常温下贮存稳定，对光、强酸、强碱不稳定，在日光下半衰期约4小时。阿维菌素是一种大环内酯双糖类化合物，是从土壤微生物中分离的天然产物，对昆虫和螨类具有触杀和胃毒作用，并有微弱的熏蒸作用，无内吸作用，但对叶片有很强的渗透性，可杀死表皮下的害虫，且残效期长。对尚未完成胚胎发育的卵无效，但对即将孵化的卵有一定的杀伤作用。害虫接触药剂后出现麻痹症状，2～4天后死亡。药剂对捕食性和寄生性天敌虽有直接杀伤作用，但因其在植物表面残留少，对天敌的影响不大。与有机磷、氨基甲酸酯、拟除虫菊酯类农药无交互抗性。在土壤中易被吸附，不能移动，并被微生物分解，在环境中无积累。

**【毒　性】**　原药毒性较高，对眼睛有轻微刺激作用，对蜜蜂高毒，对鱼类中毒，对鸟类安全。制剂毒性很低。在柑橘上的最高残留限量为0.01毫克/千克，梨为0.02毫克/千克。

**【常用剂型】**　2%、1.8%、1%乳油，2%和0.5%水分散粒剂。

**【防治对象和使用方法】**　用于防治多种植物上的螨类、蚜虫、蝇类、潜叶蛾、食心虫和木虱等害虫，可以防治对有机磷和拟除虫菊酯类农药产生抗性的害虫和害螨。

防治落叶果树上的山楂叶螨和二斑叶螨等，在害螨发生初期用1.8%阿维菌素乳油3 000～4 000倍液喷雾。

防治桃潜叶蛾、苹果金纹细蛾和银纹潜叶蛾等潜叶害虫，在害虫孵化盛期至为害初期，用1.8%乳油3 000～4 000倍液喷雾。

防治梨木虱，在一至三龄若虫期，用1.8%乳油3 000～4 000倍液喷雾。

防治桃小食心虫、李小食心虫、梨小食心虫和桃蛀螟等食心虫类害虫，在幼虫孵化初期，用1.8%乳油3 000～4 000倍液喷雾。

防治柑橘锈壁虱，在春季害虫发生初期，用10倍放大镜检查新梢叶片和果实，当每个视野平均有虫2～3头时，用1.8%乳油3 000～4 000倍液喷雾，重点喷洒叶背和树冠中、下部。

防治柑橘潜叶蛾，在夏、秋梢嫩叶长0.5～2厘米时，用1.8%乳油2 000～3 000倍液喷雾，7天左右喷1次，连续2～3次。

**【注意事项】** ①施药时要避免污染鱼塘和河流，在蜜源植物花期禁用。②不能与碱性农药混用。喷药要均匀周到。③在柑橘树上每年最多使用2次，梨树3次，安全间隔期为14天。④如误服，应立即引吐并给患者服用吐根糖浆或麻黄碱，但勿给昏迷患者催吐或灌任何东西。抢救时避免给患者使用增强γ-氨基丁酸活性的药物，如巴比妥和丙戊酸等。⑤贮存于阴凉避光处，远离高温和火源。

**【与阿维菌素复配的代表农药】** 如表6所示。

**表6 与阿维菌素复配的代表农药**

| 登记名称 | 含量及剂型 | 登记作物 | 防治对象 | 用药量 | 施用方法 |
|---|---|---|---|---|---|
| 阿维·啶虫脒 | 8.8%乳油，6%水乳剂 | 柑橘树 | 黑刺粉虱、介壳虫 | 17.6～22，30～60毫克/千克 | 喷雾 |
| 阿维·啶虫脒 | 4%乳油 | 苹果树 | 蚜虫 | 8～10毫克/千克 | 喷雾 |
| 阿维·炔螨特 | 30.3%水乳剂，35%乳油，56%微乳剂 | 柑橘树 | 红蜘蛛 | 202～303，280～437.5，140～280毫克/千克 | 喷雾 |
| 阿维·炔螨特 | 40%乳油 | 苹果树 | 红蜘蛛 | 160～200毫克/千克 | 喷雾 |
| 阿维·哒螨灵 | 4%、5%、10%乳油 | 柑橘树、苹果树 | 红蜘蛛、二斑叶螨 | 25～50毫克/千克 | 喷雾 |

## 续表 6

| 登记名称 | 含量及剂型 | 登记作物 | 防治对象 | 用药量 | 施用方法 |
|---|---|---|---|---|---|
| 阿维·哒螨灵 | 10%、6%、5.6%微乳剂 | 苹果树、柑橘树 | 二斑叶螨、红蜘蛛 | 28～46.7 毫克/千克 | 喷雾 |
| 阿维·哒螨灵 | 10.5%、15%、20%可湿性粉剂 | 柑橘树、苹果树 | 红蜘蛛、二斑叶螨 | 52.5～70,50～83.3 毫克/千克 | 喷雾 |
| 阿维·噻螨酮 | 3%微乳剂、3%乳油 | 柑橘树 | 红蜘蛛 | 15～20 毫克/千克 | 喷雾 |
| 阿维·三唑锡 | 5.5%、10%乳油 | 柑橘树、苹果树 | 红蜘蛛 | 22～36.7,83.3～100 毫克/千克 | 喷雾 |
| 阿维·三唑锡 | 11%悬浮剂 | 柑橘树 | 红蜘蛛 | 61～91.6 毫克/千克 | 喷雾 |
| 阿维·三唑锡 | 12.15%、12.5%可湿性粉剂 | 柑橘树、苹果树 | 红蜘蛛、二斑叶螨 | 60.75～81,83.3～125 毫克/千克 | 喷雾 |
| 阿维·苯丁锡 | 10%乳油 | 柑橘树 | 红蜘蛛 | 50～100 毫克/千克 | 喷雾 |
| 阿维·苯丁锡 | 10.6%悬浮剂 | 柑橘树 | 红蜘蛛 | 34.3～53 毫克/千克 | 喷雾 |
| 阿维·苯丁锡 | 25%可湿性粉剂 | 柑橘树 | 红蜘蛛 | 125～156.25 毫克/千克 | 喷雾 |
| 阿维·四螨嗪 | 5.1%可湿性粉剂 | 柑橘树 | 红蜘蛛 | 34～51 毫克/千克 | 喷雾 |
| 阿维·四螨嗪 | 20.8%、10%悬浮剂 | 柑橘树、苹果树 | 红蜘蛛、二斑叶螨 | 83.2～138.7,50～66.7 毫克/千克 | 喷雾 |
| 阿维·四螨嗪 | 21%水分散粒剂 | 苹果树 | 红蜘蛛 | 105～124 毫克/千克 | 喷雾 |
| 阿维·喹硫磷 | 25%乳油 | 柑橘树 | 红蜘蛛 | 166.7～250 毫克/千克 | 喷雾 |
| 阿维·三唑磷 | 11.2%乳油 | 柑橘树 | 红蜘蛛 | 74.67～112 毫克/千克 | 喷雾 |
| 阿维·甲氰 | 1.8%乳油 | 柑橘树、苹果树 | 红蜘蛛 | 9～18 毫克/千克 | 喷雾 |
| 阿维·甲氰 | 5%微乳剂 | 柑橘树 | 红蜘蛛 | 33.3～50 毫克/千克 | 喷雾 |
| 阿维·丁醚脲 | 15.6%悬浮剂 | 柑橘树 | 红蜘蛛 | 78～104 毫克/千克 | 喷雾 |
| 阿维·丁醚脲 | 15.6%乳油 | 柑橘树、苹果树 | 红蜘蛛、红蜘蛛 | 104～156,52～78 毫克/千克 | 喷雾 |
| 阿维·氟虫脲 | 3.5%乳油 | 柑橘树 | 红蜘蛛 | 23.3～35 毫克/千克 | 喷雾 |
| 阿维·毒死蜱 | 15%、26.5%乳油 | 柑橘树、梨树 | 红蜘蛛、梨木虱 | 60～75,177～265 毫克/千克 | 喷雾 |
| 阿维·矿物油 | 24.5%乳油 | 苹果树、柑橘树 | 二斑叶螨、红蜘蛛 | 163.3～245 毫克/千克 | 喷雾 |
| 阿维·除虫脲 | 20.5%悬浮剂 | 柑橘树 | 潜叶蛾 | 51.25～102.5 毫克/千克 | 喷雾 |

续表6

| 登记名称 | 含量及剂型 | 登记作物 | 防治对象 | 用药量 | 施用方法 |
|---|---|---|---|---|---|
| 阿维·高氯 | 6.3%、2.4%可湿性粉剂 | 柑橘树、梨树 | 潜叶蛾、梨木虱 | 12.6～18.9,6.25～10毫克/千克 | 喷雾 |
| 阿维·高氯 | 2%微乳剂 | 柑橘树、梨树 | 锈壁虱、梨木虱 | 10～20毫克/千克 | 喷雾 |
| 阿维·高氯 | 1%、2%、6%乳油 | 苹果树、梨树 | 二斑叶螨、红蜘蛛、黄蚜、梨木虱 | 1500～2000倍液 | 喷雾 |
| 阿维·吡虫啉 | 1%乳油 | 梨树 | 梨木虱 | 6.25～10毫克/千克 | 喷雾 |
| 阿维·吡虫啉 | 5.2%微乳剂 | 梨树 | 梨木虱 | 14.85～17.33毫克/千克 | 喷雾 |
| 阿维·双甲脒 | 10.8%乳油 | 梨树 | 梨木虱 | 27～36毫克/千克 | 喷雾 |
| 阿维·灭幼脲 | 30%悬浮剂 | 苹果树 | 金纹细蛾 | 100～150毫克/千克 | 喷雾 |
| 阿维·高氯氟 | 2%乳油 | 苹果树 | 红蜘蛛 | 10～13.3毫克/千克 | 喷雾 |
| 阿维·辛硫磷 | 20%乳油 | 苹果树 | 山楂红蜘蛛 | 200～400毫克/千克 | 喷雾 |
| 阿维·联苯菊 | 5.6%水乳剂 | 苹果树 | 桃小食心虫 | 18.67～28毫克/千克 | 喷雾 |

## 吡虫啉

**【理化性质及特点】** 纯品为无色结晶,有微弱气味,微溶于水,稍溶于异丙醇,无挥发性,化学性质较稳定。吡虫啉为硝基亚甲基类杀虫剂,具有良好的内吸作用,对害虫的作用机制主要是干扰运动神经系统,使化学信号传递失灵。由于其杀虫机制与有机磷、氨基甲酸酯和拟除虫菊酯类杀虫剂不同,防治对这些农药产生抗性的害虫具有良好效果。

**【毒　性】** 对高等动物毒性中等,对鱼低毒。

**【常用剂型】** 10%、20%可湿性粉剂,3%、5%乳油,70%水分散粒剂,20%可溶性液剂。

**【防治对象和使用方法】** 可以防治多种作物上的刺吸式口器害虫，如蚜虫、飞虱、蓟马、粉虱和叶蝉等，对鳞翅目和鞘翅目的部分害虫也有效。对螨类和线虫无效。

防治苹果黄蚜、桃蚜、桃瘤蚜、樱桃瘤蚜、桃粉蚜、梨黄粉蚜和苹果棉蚜等蚜虫，于害虫发生初期用10%可湿性粉剂1 500～3 000倍液喷雾。

防治叶蝉、绿盲蝽和梨木虱等害虫，在若虫发生初期，用10%可湿性粉剂1 500～2 000倍液喷雾。

防治柑橘潜叶蛾，在夏、秋梢嫩叶长0.5～2.5厘米时，用10%可湿性粉剂1 000～1 500倍液喷雾。喷药后10～15天再喷1次，连续2次。

防治柑橘粉虱和黑刺粉虱，在一至二龄若虫期喷药；防治蚜虫在嫩梢期有蚜株率达25%左右时喷药，用10%可湿性粉剂1 000～1 500倍液喷雾。

**【注意事项】** ①不能与强酸、强碱性农药混用，以免分解失效。②药剂对桑蚕有毒，养蚕季节严防污染桑叶。③应贮存于通风、干燥处。④若发生中毒，及时送医院对症治疗。

**【与吡虫啉复配的农药】** 如表7所示。

表7 与吡虫啉复配的农药

| 登记名称 | 含量及剂型 | 登记作物 | 防治对象 | 用药量 | 施用方法 |
|---|---|---|---|---|---|
| 吡虫·毒死蜱 | 33%可湿性粉剂 | 梨树 | 梨木虱 | 165～330毫克/千克 | 喷雾 |
| 吡虫·毒死蜱 | 22%、45%乳油 | 苹果树、柑橘树 | 棉蚜、白粉虱 | 88～225毫克/千克 | 喷雾 |
| 吡虫·三唑锡 | 20%可湿性粉剂 | 柑橘树、苹果树 | 红蜘蛛、蚜虫 | 100～200毫克/千克 | 喷雾 |
| 哒螨·吡虫啉 | 17.5%可湿性粉剂 | 柑橘树 | 红蜘蛛、蚜虫 | 87.5～116毫克/千克 | 喷雾 |
| 哒螨·吡虫啉 | 6%乳油 | 苹果树 | 红蜘蛛、黄蚜 | 30～60毫克/千克 | 喷雾 |
| 敌畏·吡虫啉 | 26%乳油 | 梨树 | 黄粉虫 | 173.3～260毫克/千克 | 喷雾 |
| 氯氰·吡虫啉 | 5%乳油 | 梨树、苹果树 | 梨木虱、黄蚜 | 1000～1500倍液 | 喷雾 |

续表 7

| 登记名称 | 含量及剂型 | 登记作物 | 防治对象 | 用药量 | 施用方法 |
| --- | --- | --- | --- | --- | --- |
| 吡虫·杀虫环 | 50%可溶粉剂 | 苹果树 | 黄蚜、金纹细蛾 | 250～500 毫克/千克 | 喷雾 |
| 灭脲·吡虫啉 | 25%可湿性粉剂 | 苹果树 | 黄蚜、金纹细蛾 | 100～167 毫克/千克 | 喷雾 |
| 吡虫·灭多威 | 10%可湿性粉剂 | 苹果树 | 黄蚜 | 12～18 毫克/千克 | 喷雾 |

## 虫螨腈

**【理化性质及特点】** 原药为白色至淡黄色固体，可溶于丙酮。虫螨腈是新型吡咯类杀虫、杀螨剂，具有胃毒和触杀作用，有一定的内吸性，对植物表面的渗透性较强，具有杀虫谱广、防治效果好、持效期长、用药量低、对作物安全等特点。防治对常规农药产生抗性的害虫效果良好。在我国最初登记商品名称为除尽。

**【毒　性】** 对高等动物低毒，对鱼类和鸟类毒性较高。

**【常用剂型】** 5%微乳剂，10%、24%悬浮剂。

**【防治对象和使用方法】** 可用于防治果树、蔬菜上的多种害虫，对果树上的潜叶蛾和叶螨，以及蔬菜上的小菜蛾、菜青虫、甜菜夜蛾、斜纹夜蛾、菜螟、菜蚜和蓟马等，都有很好的防治效果。

防治苹果金纹细蛾和桃潜叶蛾等害虫，于各代成虫盛发期后3～4天，用24%悬浮剂4 000～6 000倍液喷雾。

**【注意事项】** ①为延缓害虫产生抗药性，应将该药与其他作用方式不同的药剂交替使用，但不要与碱性农药混用。②每个作物生长季使用不超过2次。作物收获前14天停止使用。③施药时不要污染水源。因无特殊解毒药，故皮肤和眼睛接触药剂，应立即用肥皂水和大量清水冲洗。若不慎吞服，勿催吐，应立即到医院对症治疗。

## 虫酰肼

**【理化性质及特点】** 原药为灰白色粉末,微溶于水和有机溶剂,对光稳定。虫酰肼为昆虫生长调节剂,具有胃毒和触杀作用,对鳞翅目昆虫的幼虫具有很好的防治效果。幼虫触药后加速蜕皮,慢慢脱水死亡。对卵效果较差。在我国最初登记商品名称为米满。

**【毒 性】** 对高等动物低毒,对眼睛有轻微刺激,对鱼中毒,对捕食螨、食螨瓢虫、捕食性黄蜂和蜘蛛等天敌安全。

**【常用剂型】** 10%、20%、24%、30%悬浮剂。

**【防治对象和使用方法】** 用于防治果树、蔬菜、大豆、玉米和林木上的鳞翅目害虫。尤其适于防治对有机磷、拟除虫菊酯类农药产生抗性的害虫。

防治落叶果树上的苹果小卷叶蛾和褐卷叶蛾、顶梢卷叶蛾、白小卷叶蛾等卷叶虫,在各代幼虫孵化盛期至卷叶初期,喷布24%悬浮剂1 500～2 000倍液。

防治柑橘卷叶蛾、尺蠖等害虫,在幼虫发生期用24%悬浮剂1 000～2 000倍液喷雾。

防治龙眼、荔枝等果树上的卷叶蛾、枇杷苹掌舟蛾、蓑蛾、杧果小齿螟等害虫,在幼虫发生期用24%悬浮剂1 500～2 500倍液喷雾。

**【注意事项】** ①药剂贮存时有沉淀现象,使用时摇匀后再稀释。②药剂对卵防治效果较差,应在卵发育末期或幼虫发生初期用药。③对蚕毒性大,养蚕季节禁止在桑园使用。不要污染水源。

## 除虫脲

**【理化性质及特点】** 纯品为白色结晶粉末,工业品为米黄色至黄色结晶固体,几乎不溶于水,易溶于乙腈、二甲亚砜等有机溶剂。在中性和弱酸性条件下稳定，在溶液中对光敏感，以固体存在时对光稳定。除虫脲属昆虫生长调节剂类杀虫剂，作用机制为抑制昆虫体内几丁质的合成，能杀灭幼虫和卵，对成虫无效，但可降低雌成虫的产卵量。对害虫具有胃毒和触杀作用，作用速度缓慢，幼虫中毒后 3～5 天才死亡。

**【毒　性】** 对高等动物低毒，对眼睛有轻微刺激，对有益生物如鸟、鱼、虾、青蛙、蜜蜂、瓢虫、步甲、蜘蛛、草蛉、赤眼蜂和寄生蜂等安全。在苹果和柑橘上的最高残留限量为 1 毫克/千克。

**【常用剂型】** 20％悬浮剂，25％可湿性粉剂，5％乳油。

**【防治对象和使用方法】** 可防治多种作物上的鳞翅目、鞘翅目、同翅目和双翅目等害虫，持效期 12～15 天。常规用量下对植物无药害。

防治落叶果树上的各种卷叶蛾、食心虫、毛虫和刺蛾等害虫，在幼虫孵化初期用 25％可湿性粉剂 1 000～2 000 倍液喷雾。

防治桃潜叶蛾、苹果金纹细蛾等潜叶性害虫，于各代成虫盛发期后 3～4 天，用 25％可湿性粉剂 1 000～2 000 倍液喷雾。

防治柑橘潜叶蛾，在夏、秋梢嫩叶长 0.5～1.5 厘米时，用 20％悬浮剂 2 000～3 000 倍液喷雾，10 天左右喷 1 次，连续喷 2 次。

防治柑橘锈壁虱，在达到防治指标时，用 5％乳油 2 000～2 500倍液喷雾。

防治柑橘木虱，在一至二龄若虫期，用 20％悬浮剂 2 000 倍液喷雾，可兼治卷叶蛾、凤蝶、袋蛾和尺蠖等害虫的低龄幼虫。

防治荔枝、龙眼上的卷叶蛾及其他南方果树上的鳞翅目害虫，在一至二龄幼虫期用 20％悬浮剂 1 500～2 000 倍液喷雾。

**【注意事项】** ①制剂在贮存过程中有沉淀现象，使用时摇匀后再稀释。②不能与碱性物质混用，以免分解失效。③该药剂为迟效性药剂，应在害虫发生初期使用。④药剂对桑蚕有毒，禁止在桑树上施用。在桑园附近施用时也应注意安全。⑤在苹果树上每年最多使用3次,安全间隔期为21天。

## 哒嗪硫磷

**【理化性质及特点】** 纯品为白色结晶,难溶于水,易溶于丙酮、甲醇和乙醚等有机溶剂,微溶于乙烷和石油醚。对酸、热较稳定,遇强碱易分解。哒嗪硫磷属广谱性有机磷类杀虫剂,具有高效、低毒、低残留的特点。对害虫具有胃毒和触杀作用,兼有杀卵和杀螨活性,对多种咀嚼式口器害虫具有较好的防治效果。其杀虫机制是通过抑制昆虫体内的乙酰胆碱酯酶活性,使害虫中毒死亡。

**【毒 性】** 对高等动物低毒。在水果中最大允许残留量为0.1毫克/千克。

**【常用剂型】** 20%乳油,2%粉剂。

**【防治对象和使用方法】** 可以防治多种果树上的咀嚼式口器和刺吸式口器害虫和害螨。

防治桃小食心虫和梨小食心虫,在成虫产卵期,当卵果率达到0.5%~1%时,用20%乳油500~800倍液均匀喷雾。

防治落叶果树上的蚜虫、叶蝉、盲蝽、叶螨、毛虫和刺蛾等害虫,在害虫或害螨发生初期用20%乳油500~800倍液均匀喷雾。

**【注意事项】** ①不能与碱性农药混用,以免分解失效。②使用浓度高于500倍时,对植物幼叶易产生药害。③不可与2,4-D除草剂同时或先后间隔时间较短时使用,以免造成药害。④轻度中毒,可服用或注射阿托品,中度或重度中毒,应合并使用阿托品和解磷定。误服应立即催吐,并用1%~2%苏打水洗胃,送医院治疗;忌用吗啡、茶碱、吩噻嗪和利舍平。重度中毒不宜用氯丙嗪。

## 敌百虫

**【理化性质及特点】** 纯品为白色结晶，在水中有一定的溶解度，能溶于醇、苯等大多数有机溶剂，但不溶于脂肪烃和石油。在酸性介质中稳定，在碱性条件下易分解转化成敌敌畏。敌百虫是一种广谱性有机磷杀虫剂，杀虫方式以胃毒作用为主，兼有触杀作用。对植物具有渗透性，但无内吸传导作用。

**【毒　性】** 对高等动物低毒，对多种天敌昆虫、鱼类和蜜蜂低毒。

**【常用剂型】** 80%可溶性粉剂，50%可湿性粉剂，90%、95%晶体。

**【防治对象和使用方法】** 主要用于防治果树、蔬菜、茶树、桑树及粮油作物上的咀嚼式口器害虫。

防治落叶果树上的桃小食心虫、梨小食心虫、李小食心虫、杏仁蜂、杏虎象和桃蛀螟等蛀果类害虫，在卵孵化后尚未蛀果前用80%可溶性粉剂1 000倍液，或50%可湿性粉剂600～700倍液喷雾，可杀灭初孵幼虫。

防治落叶果树卷叶虫、刺蛾、星毛虫和舟形毛虫、舞毒蛾等害虫，在低龄幼虫期喷布80%可溶性粉剂1 000～1 500倍液。

防治柑橘卷叶蛾、橘潜叶甲、恶性叶甲和椿象时，在低龄幼虫期喷药；防治实蝇类害虫时，在成虫产卵前喷药。均用90%晶体敌百虫1 000～1 500倍液喷雾。

防治柑橘爆皮虫和溜皮虫，在成虫出洞高峰期用90%晶体敌百虫800～1 000倍液喷雾，7～10天喷药1次，连续喷2～3次。

防治柑橘粉虱和黑刺粉虱，在一至二龄若虫期用90%晶体敌百虫500～1 000倍液喷雾。

防治柑橘花蕾蛆，在柑橘现蕾初期用90%晶体敌百虫750～1 000倍液喷雾于地面和树冠，可杀死出土成虫。

防治荔枝蝽，在3月上中旬越冬成虫飞回果园交尾时，或4～5月份低龄若虫发生期喷药；防治荔枝灰蝶，在谢花后至幼果期(第一代初孵幼虫)喷药；防治荔枝卷叶蛾，在落花后至幼果期和新梢抽发期(各代幼虫盛孵期)喷药；防治龙眼白蛾、蜡蝉，在成虫产卵初期和若虫低龄期喷药；防治香蕉弄蝶，在幼虫孵化期喷药。防治枇杷灰蝶，在花蕾至幼果期喷药，均用90%晶体敌百虫800～1 000倍液喷雾。

**【注意事项】** ①敌百虫对高粱、玉米和瓜类、豆类的幼苗易产生药害。因此，在果园周围种植这些作物时应注意防护或避免使用。苹果的某些品种如祝光和元帅等，对敌百虫较敏感，不宜使用。苹果在幼果期使用敌百虫，易引起落果，应慎用。②该药剂容易吸潮，受热溶融，要密封保存 。③最后一次施药距果实采收期应在21天以上。④若发生中毒，用阿托品1～5毫克皮下或静脉注射，解磷定0.4～1.2克静脉注射。禁用吗啡、茶碱、吩噻嗪和利舍平。误服应立即引吐(清醒时才能引吐)、洗胃和导泻。

## 敌 敌 畏

**【理化性质及特点】** 纯品为无色油状液体，稍有芳香气味。工业品为黄色油状液体，挥发性强，微溶于水，能溶于多数有机溶剂。对热稳定，遇碱很快分解失效。敌敌畏是一种高效、速效、广谱的有机磷杀虫剂，对害虫具有很强的熏蒸作用，击倒力强，还有触杀和胃毒作用。施药后分解很快。

**【毒　性】** 对高等动物毒性中等，对鱼毒性大，对蜜蜂、瓢虫、食蚜蝇、寄生蜂和捕食螨等天敌昆虫毒性大。在水果中的最高残留限量为0.1毫克/千克，草莓为0.3毫克/千克。

**【常用剂型】** 80%、50%乳油。

**【防治对象和使用方法】** 用于防治果树上的咀嚼式口器和刺吸式口器害虫以及害螨。

防治落叶果树的梨星毛虫、刺蛾、苹果巢蛾和尺蠖等害虫，在低龄幼虫期喷布80%乳油1 000～1 500倍液，在夏季可兼治害螨。

防治落叶果树卷叶蛾和蚜虫等害虫，在害虫发生初期喷布80%乳油1 000倍液。

防治天牛等蛀干害虫，用80%乳油5～10倍液，用棉球蘸药液塞入蛀道内，可以熏杀其中的幼虫。

防治柑橘卷叶蛾、凤蝶、椿象、橘潜叶甲和恶性叶甲等害虫，在低龄幼虫高峰期喷药；防治柑橘蚜虫和木虱等，在柑橘嫩梢期喷药；防治柑橘爆皮虫和溜皮虫，在成虫出洞高峰期喷药；防治黑刺粉虱、柑橘粉虱和介壳虫，在一至二龄若虫盛发期喷药；防治果实蝇类，在成虫产卵前喷药，均用80%乳油800～1 000倍液喷雾。防治柑橘花蕾蛆，在柑橘现蕾初期用相同浓度的药液喷树冠和地面，消灭成虫。防治天牛、爆皮虫和溜皮虫，可用80%乳油、煤油和水，按1∶1∶10的比例混合均匀，用药棉或毒土堵塞虫孔，或将药液注入虫道，或涂抹流胶处。

防治龙眼卷叶蛾，在幼虫孵化盛期喷药；防治荔枝茶材小蠹，在越冬成虫出现期喷药，均用80%乳油800～1 000倍液喷雾；防治荔枝木蠹蛾，在8～9月份以后用80%乳油800～1 000倍液注入幼虫隧道内，每个蛀道注入药液5～10毫升，可毒杀幼虫。

**【注意事项】** ①药剂对桃、李、杏的某些品种以及高粱、月季等易产生药害，不宜使用。柳树、玉米和豆类、瓜类幼苗对敌敌畏比较敏感，应慎用。②不可与碱性农药混用，以免分解失效。③果树开花时禁止施用。果实采收前7天停止用药。④药剂挥发性强，配制药液时应在上风头操作，以免吸入大量毒气，引起中毒。⑤中毒后急救措施同敌百虫。

**【与敌敌畏复配的农药】** 如表8所示。

表8 与敌敌畏复配的农药

| 登记名称 | 含量及剂型 | 登记作物 | 防治对象 | 用药量 | 施用方法 |
|---|---|---|---|---|---|
| 高氯·敌敌畏 | 29%乳油 | 苹果树 | 潜叶蛾 | 580～725毫克/千克 | 喷雾 |
| 氯氰·敌敌畏 | 10%乳油 | 苹果树 | 蚜虫 | 83.3～125毫克/千克 | 喷雾 |
| 氰戊·敌敌畏 | 20%乳油 | 桃树 | 蚜虫 | 66.67～100毫克/千克 | 喷雾 |

## 丁硫克百威

**【理化性质及特点】** 纯品为无色或深黄色油状液体，工业品为棕色黏稠状液体。几乎不溶于水，溶于大多数有机溶剂，对热和酸性介质不稳定。丁硫克百威属氨基甲酸酯类广谱性杀虫、杀线虫和杀螨剂，对害虫具有触杀和胃毒作用，内吸性强，持效期长，在昆虫体内代谢为有毒的克百威起杀虫作用。

**【毒　性】** 对高等动物毒性中等，对鱼类和蜜蜂高毒。在苹果上的最高残留限量为0.05毫克/千克，在柑橘上为2毫克/千克。

**【常用剂型】** 20%乳油，5%颗粒剂，2%粉剂。

**【防治对象和使用方法】** 通常作叶面喷雾和土壤处理，亦可作种子处理，可有效防治水稻、玉米、甜菜、柑橘及落叶果树上的多种害虫。

防治落叶果树上的绿盲蝽，在越冬卵孵化盛期和若虫发生盛期，用20%乳油1 500～2 000倍液喷雾，除果树外连同园内和园边杂草一起喷药。

防治苹果上的蚜虫，于蚜虫发生期喷布20%乳油3 000～4 000倍液。

防治柑橘蚜虫，在柑橘嫩梢期有蚜株率达25%左右时喷药；防治锈壁虱，在春梢叶背出现被害状或果园发现被害果时喷药；防治柑橘潜叶蛾，在夏、秋梢嫩叶长0.5～2.5厘米时喷药。使用浓度均为20%乳油1 000～2 000倍液。

**【注意事项】** ①在苹果上的安全间隔期为30天，每年最多使用3次；在柑橘上的安全间隔期15天，每年最多使用2次。②若发生中毒，用阿托品0.5～2毫克口服或肌内注射，重者加用肾上腺素，禁用解磷定、氯解磷定、吗啡和双复磷。误服中毒，切勿催吐。药液溅入眼中，用清水冲洗。皮肤沾染药液用大量清水冲洗。③药剂须密封存放于阴凉、干燥的通风处，远离火源。

与丁硫克百威复配的农药，有丁硫·哒螨灵10%乳油，用于喷雾防治柑橘树红蜘蛛，用药剂量为67～100毫克/千克。

## 啶虫脒

**【理化性质及特点】** 纯品为白色结晶，可溶于大多数有机溶剂，在中性或偏酸性介质中稳定，在常温和日光下稳定，在碱性介质中水解。啶虫脒属烟酰亚胺类杀虫剂，对害虫具有较强的触杀作用，持效期长，且速效，具有渗透性。

**【毒　性】** 对高等动物毒性中等，对鱼和蜜蜂低毒。

**【常用剂型】** 20%可湿性粉剂，3%乳油。

**【防治对象和使用方法】** 由于啶虫脒杀虫机制独特，防治对有机磷、拟除虫菊酯和氨基甲酸酯类杀虫剂产生抗性的害虫，具有很好的效果，可广泛应用于防治果树、蔬菜、茶树、花卉、烟草及水稻等作物上的蚜虫、叶蝉、粉虱、蚧类、蓟马及鳞翅目和鞘翅目的部分害虫。

防治苹果黄蚜、瘤蚜、苹果棉蚜和梨二叉蚜等蚜虫，在蚜虫发生初期，用3%乳油1 500～2 000倍液喷雾。

防治柑橘蚜虫（橘蚜和橘二叉蚜），在嫩梢期有蚜株率达25%左右时，用3%乳油4 000～5 000倍液喷雾。

防治柑橘潜叶蛾，在夏、秋梢多数嫩叶长1～3厘米时，用3%

乳油 1 500～2 500 倍液喷雾。

防治柑橘黑刺粉虱，在各代若虫一至二龄期用 3% 乳油 1 000～1 500 倍液喷雾。

**【注意事项】** ①不可与碱性农药混用，以免分解失效。②药剂对桑蚕有毒，果园附近如有桑树，使用时应注意防护。③粉末对眼睛有刺激作用，一旦进入眼中，应立即用清水冲洗或去医院治疗。若误食，应立即催吐或到医院洗胃，对症治疗。

**【与啶虫脒复配的农药】** 如表 9 所示。

**表 9　与啶虫脒复配的农药**

| 登记名称 | 含量及剂型 | 登记作物 | 防治对象 | 用药量 | 施用方法 |
|---|---|---|---|---|---|
| 啶虫·毒死蜱 | 20% 乳油，30%水乳剂 | 柑橘树 | 介壳虫、蚜虫 | 133.3～200，200～300 毫克/千克 | 喷雾 |
| 啶虫·辛硫磷 | 20%乳油 | 柑橘树、苹果树 | 蚜虫 | 100～133.3 毫克/千克 | 喷雾 |
| 高氯·啶虫脒 | 4%、3% 微乳剂 | 柑橘树、苹果树 | 蚜虫 | 25～33.3，10～15 毫克/千克 | 喷雾 |
| 氯氰·啶虫脒 | 10%乳油 | 苹果树 | 棉蚜 | 1000～2000 倍液 | 喷雾 |
| 啶虫·杀虫单 | 45%粉剂 | 椰树 | 椰心叶甲 | 5～10 克制剂/袋，2 袋/株 | 挂袋 |

# 毒死蜱

**【理化性质及特点】** 原药为白色颗粒状结晶。有轻微的硫醇味，溶于多数有机溶剂，常温下稳定，在碱性条件下易分解。毒死蜱属广谱性有机磷类杀虫剂，对害虫具有触杀、胃毒和熏蒸作用。对虫体和叶片的渗透力均好，但无内吸杀虫作用。在叶片上的残效期短，在土壤中稳定，对某些地下害虫具有良好的防治效果。

**【毒　性】** 对人、畜中毒，对鱼类、虾等水生生物有毒，对蜜蜂毒性较高。在柑橘上的最高残留限量为0.3毫克/千克。

**【常用剂型】** 40%、40.7%、48%乳油,14%颗粒剂。

**【防治对象和使用方法】** 用于防治多种果树及蔬菜、粮食作物上的鳞翅目、同翅目害虫。

防治苹果棉蚜,在棉蚜大量繁殖扩散以前,用40%乳油1500~2000倍液往树冠和树干上均匀喷雾。

防治桃小食心虫,于越冬幼虫出土盛期,用40.7%乳油450~500倍液往树下地面均匀喷雾,可有效防止幼虫出土。也可在桃小食心虫成虫产卵盛期,当卵果率达0.5%~1%时,往树上均匀喷布40%乳油1500~2000倍液。

防治桑白蚧、球坚蚧、梨圆蚧和东方盔蚧等介壳虫,在若虫发生初期,用40%乳油1000倍液均匀喷雾。

防治落叶果树卷叶蛾、毛虫、刺蛾和潜叶蛾等害虫,在幼虫孵化盛期,用40%乳油1500~2000倍液喷雾。

防治柑橘介壳虫和黑刺粉虱,在一至二龄若虫期喷药;防治蚜虫,在嫩梢期有蚜株率达20%以上时喷药;防治锈螨,在7月份以后平均每个视野有虫2~3头(10倍手持放大镜)时喷药。均用48%乳油1000~1500倍液喷雾。

防治荔枝角蜡蚧和堆蜡粉蚧,在若虫孵化期,用48%乳油800~1000倍液喷雾。

**【注意事项】** ①不能与碱性物质混用,以免分解失效。②药剂对烟草敏感,不宜使用。③药剂对桑蚕毒性高,使用时应注意安全。④在柑橘上的安全间隔期为28天,每年最多使用1次,对其他果树,果实采收前30天停止使用。⑤若发生中毒,用阿托品1~2毫克作皮下或静脉注射,解磷定0.4~1.2克静脉注射,禁用吗啡、茶碱、吩噻嗪和利舍平。

**【与毒死蜱复配的农药】** 如表10所示。

表10 与毒死蜱复配的农药

| 登记名称 | 含量及剂型 | 登记作物 | 防治对象 | 用药量 | 施用方法 |
|---|---|---|---|---|---|
| 甲氰·毒死蜱 | 30%乳油 | 柑橘树 | 红蜘蛛 | 150～200毫克/千克 | 喷雾 |
| 杀扑·毒死蜱 | 40%、20%乳油 | 柑橘树 | 矢尖蚧、介壳虫 | 200～250毫克/千克 | 喷雾 |
| 噻嗪·毒死蜱 | 30%乳油 | 柑橘树 | 介壳虫 | 300～500毫克/千克 | 喷雾 |
| 氯氰·毒死蜱 | 20%、22%、25%、50%、52.25%乳油 | 柑橘树、荔枝树、龙眼树 | 介壳虫、矢尖蚧、潜叶蛾、蒂蛀虫 | 200～250,348.3～522.5毫克/千克 | 喷雾 |
| 氯氰·毒死蜱 | 522.5、220克/升乳油 | 梨树、苹果、桃树 | 梨木虱、桃小食心虫、棉蚜、介壳虫 | 261～348毫克/千克 | 喷雾 |
| 高氯·毒死蜱 | 10%微乳剂 | 荔枝树 | 椿象 | 66.7～100毫克/千克 | 喷雾 |
| 虫酰·毒死蜱 | 28%乳油 | 苹果树 | 卷叶蛾 | 117～165毫克/千克 | 喷雾 |
| 甲维·毒死蜱 | 15.5%微乳剂 | 苹果树 | 棉蚜 | 51.667～77.5毫克/千克 | 喷雾 |
| 氯氟·毒死蜱 | 10%乳油、16%微乳剂 | 苹果树 | 桃小食心虫 | 40～50,80～16毫克/千克 | 喷雾 |

## 氟虫脲

**【理化性质及特点】** 工业品为白色晶状固体。难溶于水，在丙酮、二甲苯和二氯甲烷中有一定溶解度。自然光照下稳定。氟虫脲属于酰基脲类杀虫、杀螨剂，作用速度缓慢，其杀虫机制主要是抑制昆虫表皮几丁质的合成，使昆虫不能正常蜕皮或变态而死亡。对成虫无直接杀伤力，但成虫接触药剂后，产的卵孵化率降低,即使孵化,幼虫也会很快死亡。在我国最初登记商品名称为卡死克。

**【毒　性】** 对高等动物低毒,对捕食性螨和天敌昆虫低毒,对鸟类安全,对甲壳类水生生物毒性较高,对土壤微生物及蚯蚓较安全。在苹果上的最高残留限量为 0.2 毫克/千克,柑橘上为 0.3 毫克/千克。

**【常用剂型】** 5%可分散液剂。

**【防治对象和使用方法】** 用于防治苹果、柑橘、棉花和蔬菜上的螨类、食心虫类与潜叶蛾类害虫。

防治苹果红蜘蛛,在越冬代和第一代若螨集中发生期,用 5%可分散液剂 650～1 000 倍液喷雾。

防治桃小食心虫,当卵果率达到 0.5%～1%时,用 5%可分散液剂 1 000～2 000 倍液喷雾。

防治柑橘红蜘蛛,在卵孵化盛期,防治柑橘木虱,在若虫盛发初期,用 5%可分散液剂 650～1 000 倍液喷雾。

防治柑橘潜叶蛾,在夏、秋梢嫩叶长 0.5～1.5 厘米时,用 5%可分散液剂 750～1 250 倍液喷雾,5～8 天喷 1 次,连续 2 次。

**【注意事项】** ①该药作用速度缓慢,施药时间要比一般杀虫剂提前 3 天左右,对钻蛀性害虫宜在卵孵化期施药,对害螨宜在幼若螨盛发期施药。②不宜与碱性农药如波尔多液混用。间隔使用时,先喷氟虫脲,10 天后再喷波尔多液,如需先喷波尔多液,则间隔期要更长。禁止在桑园使用。③在苹果和柑橘上的安全间隔期为 30 天,每年最多使用 2 次。④如误服,不要催吐,应立即请医生对症治疗。

与氟虫脲复配的农药,有氟脲·炔螨特 20%微乳剂,用于喷雾防治柑橘树红蜘蛛,用药量为 133.3～200 毫克/千克。

## 高效氯氰菊酯

**【理化性质及特点】** 纯品为无色无味结晶，难溶于水，易溶于甲苯和二氯甲烷等有机溶剂。在酸性介质中稳定，在碱性介质中易分解。该药剂属拟除虫菊酯类杀虫剂，对害虫具有触杀和胃毒作用，无内吸作用，杀虫谱广，持效期长，速效性强，对植物安全。在我国最初登记商品名称为保得。

**【毒　性】** 对高等动物毒性中等，对鱼类等水生生物、蜜蜂和家蚕高毒。

**【常用剂型】** 2.5%乳油。

**【防治对象和使用方法】** 用于防治果树上的鳞翅目、鞘翅目、半翅目和同翅目等多种害虫。

防治落叶果树桃小食心虫、苹小食心虫、白小食心虫和苹果蠹蛾等食心虫类害虫，在幼虫孵化初期，用2.5%乳油2 000～3 000倍液喷雾，同时可兼治其他食叶害虫。

防治桃蚜，在桃树开花前后越冬卵孵化期，用2.5%乳油1 500～2 000倍液喷雾。

**【注意事项】** ①不能与碱性农药混用，以免分解失效。②中毒后，无特殊解毒剂，可对症治疗。误服时，可洗胃，不能催吐。

## 高效氯氟氰菊酯

**【理化性质及特点】** 纯品为无色固体，工业原药为米黄色固体，不溶于水，可溶于大多数有机溶剂。在酸性条件下稳定，在碱性条件下易分解，对光稳定。该药剂属拟除虫菊酯类杀虫剂，对害虫具有强烈的触杀和胃毒作用，并有一定的驱避作用，无内吸和熏蒸作用。杀虫谱广。对害虫毒力高，速效性好，对螨类也有一定效果。在我国最初登记商品名称为功夫。

**【毒　性】** 对高等动物毒性中等，对鱼、虾等水生生物和蜜蜂、家蚕高毒，对鸟类低毒。

**【常用剂型】** 2.5%乳油。

**【防治对象和使用方法】** 用于防治多种作物上的鳞翅目、鞘翅目、半翅目、膜翅目、缨翅目、直翅目、双翅目等害虫，对螨类虽有一定作用，但不能作为专用杀螨剂使用。

防治桃小食心虫、梨小食心虫和苹果蠹蛾等食心虫，在成虫产卵盛期和幼虫孵化初期用2.5%乳油1 500～2 000倍液喷雾。

防治桃蚜，在桃树开花前后越冬卵乳化期，往树上喷布2.5%乳油1 500～2 000倍液。

防治落叶果树卷叶虫、毛虫、盲蝽和梨木虱，在各代幼(若)虫发生初期，用2.5%乳油1 500～3 000倍液喷雾。

防治柑橘凤蝶、卷叶蛾和尺蠖等鳞翅目害虫，在各代幼虫一至二龄期用2.5%乳油3 000～4 000倍液喷雾。

防治柑橘花蕾蛆，在柑橘花蕾直径2毫米大小时，用2.5%乳油2 000～4 000倍液往地面和树冠上喷雾。

防治橘潜叶甲，在越冬成虫活动期和幼虫初孵期喷药；防治恶性叶甲，在第一代幼虫孵化率达40%时喷药。均用2.5%乳油2 000～4 000倍液喷雾。

防治柑橘红蜘蛛等，在早春或晚秋虫、螨并发时，用2.5%乳油1 000～2 000倍液喷雾，可做到虫、螨兼治。

防治荔枝蝽，在低龄若虫期喷药；防治荔枝蒂蛀虫，在收获前15天喷药。均用2.5%乳油2 000～4 000倍液喷雾。

**【注意事项】** ①不能与碱性物质混用，以免分解失效。不宜做土壤处理剂。②害虫对该药剂易产生抗药性，应尽量减少用药次数，并注意与其他药剂的交替使用。③中毒后的急救措施同高效氟氯氰菊酯。

**【与高效氯氟氰菊酯复配的农药】** 如表11所示。

表 11 与高效氯氟氰菊酯复配的农药

| 登记名称 | 含量及剂型 | 登记作物 | 防治对象 | 用药量 | 施用方法 |
| --- | --- | --- | --- | --- | --- |
| 双甲·高氯氟 | 12%乳油 | 柑橘树 | 红蜘蛛 | 60～80 毫克/千克 | 喷雾 |
| 稻散·高氯氟 | 40%乳油 | 柑橘树 | 矢尖蚧 | 800～1000 毫克/千克 | 喷雾 |
| 唑磷·高氯氟 | 21%乳油 | 荔枝树 | 蒂蛀虫 | 175～210 毫克/千克 | 喷雾 |
| 马拉·高氯氟 | 20%乳油 | 苹果树 | 黄蚜 | 67～100 毫克/千克 | 喷雾 |
| 辛硫·高氯氟 | 26%乳油 | 苹果树 | 桃小食心虫 | 130～260 毫克/千克 | 喷雾 |

## 高效氯氰菊酯

**【理化性质及特点】** 原药为白色或奶油色结晶，难溶于水，易溶于芳香烃、酮类和醇类，在中性或弱酸性条件下稳定，遇碱分解。该药剂属拟除虫菊酯类杀虫剂，对害虫具有触杀和胃毒作用，生物活性高，杀虫谱广，击倒速度快。

**【毒　性】** 对高等动物毒性中等，对鱼、蜜蜂和蚕高毒。在柑橘上的最高残留限量为 2 毫克/千克。

**【常用剂型】** 2.5%、4.5%、10%乳油，4.5%、5%、10%水乳剂。

**【防治对象和使用方法】** 适用于防治果树和农作物上的多种害虫，对螨类无效。

防治落叶果树桃小食心虫、梨小食心虫和苹小食心虫等害虫，在成虫产卵盛期和幼虫孵化初期，用 4.5%乳油 1 500～2 000 倍液喷雾，重点喷在果实上。

防治苹小卷叶蛾和顶梢卷叶蛾等卷叶虫，在各代卵孵化盛期，用 10%乳油 4 000～5 000 倍液喷雾。

防治葡萄卷叶虫和食叶跳甲等葡萄害虫，用10%乳油4 000～5 000倍液喷雾。

防治柑橘红蜡蚧，在卵孵化盛期，用4.5%乳油800～900倍液喷雾。

防治荔枝椿象，在3月上中旬越冬成虫飞回果园交尾时，或4～5月份低龄若虫期喷药；防治荔枝蒂蛀虫在收获前15天喷药。均用4.5%乳油1 500～2 500倍液喷雾。

**【注意事项】** ①不能与碱性农药混用，以免分解失效。②该药无内吸杀虫作用，喷雾时应均匀周到。③制剂易燃，注意防火，远离火源，贮存于干燥、避光和阴凉处。④在柑橘上的安全间隔期为7天，每年最多使用3次。⑤中毒后的急救措施同高效氟氯氰菊酯。

**【与高效氯氰菊酯复配的农药】** 如表12所示。

**表12 与高效氯氰菊酯复配的农药**

| 登记名称 | 含量及剂型 | 登记作物 | 防治对象 | 用药量 | 施用方法 |
|---|---|---|---|---|---|
| 高氯·马 | 20%、30%、37%乳油 | 柑橘树、苹果 | 蚜虫、桃小食心虫、黄蚜 | 50～200毫克/千克 | 喷雾 |
| 高氯·三唑磷 | 15%乳油 | 荔枝树 | 蒂蛀虫 | 100～150毫克/千克 | 喷雾 |
| 高氯·辛硫磷 | 22%、20%、35%乳油 | 荔枝树、苹果树 | 蒂蛀虫、食心虫 | 110～147,175～350毫克/千克 | 喷雾 |
| 氯·灭·辛硫磷 | 25%乳油 | 苹果树 | 蚜虫 | 125～250毫克/千克 | 喷雾 |

## 茴蒿素

**【理化性质及特点】** 纯品为白色结晶体粉末，无臭，有极微苦味，日光下易变黄，不溶于水，微溶于乙醚和乙醇，易溶于沸乙醇和氯仿。通常情况下性质稳定，遇酸、碱分解。茴蒿素属植物源杀虫剂,主要成分为山道年及百部碱,主要杀虫方式为触杀和胃毒作用。

**【毒　性】** 对高等动物低毒。

**【常用剂型】** 0.65％水剂。

**【防治对象和使用方法】** 可用于防治果树及蔬菜上的多种害虫,如蚜虫、尺蠖、菜青虫等。

防治苹果上的绣线菊蚜,在蚜虫发生初期,喷布 0.65％水剂 450～500 倍液。

防治苹果和山楂上的尺蠖,在低龄幼虫发生期,喷布 0.65％水剂 400～500 倍液。

**【注意事项】** ①不得与碱性农药混用,药液应现配现用,当天用完,以免影响药效。②无中毒报道,若中毒可对症治疗。

## 甲氰菊酯

**【理化性质及特点】** 原药为棕黄色液体或固体,几乎不溶于水,可溶于丙酮和环己酮、二甲苯等有机溶剂。对光、热稳定,在酸性和中性条件下稳定,遇碱易分解。在环境中消失缓慢。该药剂属拟除虫菊酯类杀虫剂,对害虫具有强烈的触杀、胃毒和一定的驱避作用,低温下也有较好的防治效果,渗透性强,耐雨水冲刷,持效期长,杀虫范围广,药效迅速,但杀卵效果差,无内吸和熏蒸杀虫作用。连续使用,害虫易产生抗药性。在我国最初登记商品名称为灭扫利。

**【毒　性】** 对高等动物毒性中等,对鱼类、蜜蜂、家蚕以及天敌昆虫毒性较高,对皮肤和眼睛有刺激性。在苹果和柑橘上的最高残留限量为 5 毫克/千克。

**【常用剂型】** 20％乳油。

**【防治对象和使用方法】** 可用于防治鳞翅目、同翅目、半翅目、双翅目等害虫及多种害螨,对鳞翅目幼虫高效,对活动态螨有良好的防治效果。

防治桃小食心虫和梨小食心虫、苹小食心虫、李小食心虫等蛀果害虫，在成虫产卵期卵果率达到0.5%～1%时，往树上喷布20%乳油2 000～3 000倍液，可杀灭初孵幼虫，持效期约15天，可兼治苹果全爪螨和山楂叶螨等害螨。

防治桃园梨小食心虫，于4月下旬至5月份幼虫蛀梢初期，往树上喷布20%乳油2 000～3 000倍液，并可兼治山楂叶螨。

防治毛虫类、刺蛾和桃潜蛾等食叶性害虫，于幼虫发生初期用20%乳油2 500～3 000倍液喷雾。

防治山楂叶螨、二斑叶螨等害螨，在活动态螨发生期，用20%乳油1 500～2 000倍液喷雾。若活动态螨与螨卵混合发生时，可与四螨嗪或噻螨酮等杀螨剂混合使用。

防治柑橘凤蝶、卷叶蛾、尺蠖、刺蛾和蓑蛾等鳞翅目害虫，在一至二龄幼虫期喷药；防治花蕾蛆，在柑橘现蕾期成虫出土时喷药；防治橘实蕾瘿蚊，在成虫羽化盛期喷药；防治柑橘蚜虫，在各次嫩梢期，新梢被害25%以上时喷药。均用20%乳油1 000～2 000倍液喷雾。

防治荔枝蝽，在低龄若虫期用20%乳油1 000～2 000倍液喷雾。

**【注意事项】** ①不能与碱性物质混用，以免降低药效。②害虫对甲氰菊酯易产生抗药性，每年使用次数不宜超过2次。③因药剂对蚕毒性大，养蚕季节禁止在桑园使用。在桑园附近的果园中使用要注意安全。④在苹果、柑橘上的安全间隔期为30天，每年最多使用3次。⑤中毒后的急救措施同高效氟氯氰菊酯。

**【与甲氰菊酯复配的农药】** 如表13所示。

表13 与甲氰菊酯复配的农药

| 登记名称 | 含量及剂型 | 登记作物 | 防治对象 | 用药量 | 施用方法 |
|---|---|---|---|---|---|
| 甲氰·噻螨酮 | 7.5%、12.5%乳油 | 柑橘树、苹果树 | 红蜘蛛 | 75～100,50～62.5毫克/千克 | 喷雾 |
| 甲氰·三唑磷 | 15%、20%、22%乳油 | 柑橘树 | 红蜘蛛 | 120～220毫克/千克 | 喷雾 |
| 甲氰·三唑锡 | 25%悬浮剂 | 柑橘树 | 红蜘蛛 | 83.3～125毫克/千克 | 喷雾 |
| 甲氰·哒螨灵 | 10%、10.5%、15%乳油 | 柑橘树 | 红蜘蛛 | 67～105毫克/千克 | 喷雾 |
| 甲氰·辛硫磷 | 12%、25%、20%乳油 | 柑橘树、苹果树 | 红蜘蛛、黄蚜、桃小食心虫 | 200～250毫克/千克 | 喷雾 |
| 甲氰·螨醇 | 20%乳油 | 柑橘树 | 红蜘蛛 | 166.7～250毫克/千克 | 喷雾 |
| 甲氰·马拉松 | 25%、40%乳油 | 柑橘树、苹果树 | 红蜘蛛、桃小食心虫 | 250～312.5,200～400毫克/千克 | 喷雾 |
| 甲氰·氧乐果 | 30%乳油 | 柑橘树 | 红蜘蛛 | 150～200毫克/千克 | 喷雾 |
| 甲氰·丁醚脲 | 25%微乳剂 | 苹果树 | 红蜘蛛 | 83.3～125毫克/千克 | 喷雾 |
| 甲氰·甲维盐 | 10.5%乳油 | 苹果树 | 红蜘蛛 | 52.5～105毫克/千克 | 喷雾 |

## 甲氧虫酰肼

**【理化性质及特点】** 纯品为白色粉末，对酸、碱稳定。甲氧虫酰肼属于昆虫生长调节剂类杀虫剂，对害虫具有触杀和胃毒作用，作用机制是促使幼虫提早进入蜕皮过程而又不能形成健康的新表皮，从而导致幼虫提早停止取食，最终死亡。具有用药量低、持效期长的特点。

**【毒　性】** 对人、畜低毒，对鱼、虾等水生生物毒性中等，对蜜蜂、鸟类和天敌昆虫低毒。

**【常用剂型】** 24%悬浮剂。

**【防治对象和使用方法】** 甲氧虫酰肼主要用于防治果树、蔬菜以及大田作物上的鳞翅目和膜翅目害虫。

防治苹果棉褐带卷蛾，于苹果落花后、越冬幼虫出蛰盛末期和第一代幼虫为害盛期，用24%悬浮剂3 000～5 000倍液各喷施1次，可有效地控制其全年为害。

**【注意事项】** ①对蚕毒性大，养蚕季节禁止在桑园使用。②为延缓抗药性的产生，应与其他不同杀虫机制的药剂交替使用。

## 机　油

**【理化性质及特点】** 用于害虫防治的机油，是从原油蒸馏、精制成基础油后，加入乳化剂而得。杀虫机制主要是物理作用，即药剂喷于虫体或卵壳表面后，形成油膜，封闭气孔，使其窒息死亡。其次是能够封闭虫体上的感触器官，从而影响其产卵和取食。具有害虫不易产生抗药性、持效期长、对天敌影响小等特点，是果园病虫害综合防治较为理想的药剂。

**【毒　性】** 对高等动物低毒，对鱼类、鸟类及天敌昆虫安全。

**【常用剂型】** 99%、99.1%乳油。

**【防治对象和使用方法】** 用于防治多种果树上的害螨、介壳虫、粉虱、蓟马、潜叶蛾、蚜虫、木虱和叶蝉等害虫，也可以控制白粉病和煤烟病等病害。

冬季清园，用99.1%乳油100～200倍液喷雾，可防治在落叶果树上越冬的害螨、介壳虫和蚜虫等害虫，压低越冬虫口基数。

防治苹果全爪螨、山楂叶螨和二斑叶螨等害螨，在活动态螨发生初期，喷布99.1%乳油200～250倍液。

防治落叶果树上的桑白蚧、球坚蚧和梨木虱，在若虫孵化初期喷布99.1%乳油150～200倍液。

防治柑橘红蜘蛛，在春、秋季红蜘蛛发生期，平均每个叶片有活动态螨 2 头时，用 99.1%乳油 150 倍液喷雾。

防治柑橘介壳虫，在各代一至二龄若虫期或成虫期用 99.1%乳油 100～200 倍液喷雾。

**【注意事项】**　①夏季使用不当容易发生药害，应严格掌握用药剂量。初次使用应先做药害试验。②在与其他农药混用时，先加入其他农药，最后加入该药剂。不能与含硫农药、波尔多液、西维因、灭螨猛、灭菌丹、百菌清和敌菌灵等农药混用。使用上述农药前后 2 周内也不要使用机油乳油。不要与其他乳化剂、黏着剂和高度离子化的营养叶面肥混用。③气温高于 35℃或土壤干旱缺水时不要使用。夏季高温时宜在早晨或傍晚使用。花期慎用。④喷雾期间每隔 15 分钟搅拌 1 次。

**【与机油复配的农药】**　如表 14 所示。

表 14　与机油复配的农药

| 登记名称 | 含量及剂型 | 登记作物 | 防治对象 | 用药量 | 施用方法 |
|---|---|---|---|---|---|
| 机油·炔螨特 | 73%乳油 | 柑橘树、苹果树 | 红蜘蛛 | 243～365 毫克/千克 | 喷雾 |
| 机油·杀扑磷 | 40%乳油 | 柑橘树 | 矢尖蚧 | 400～500 毫克/千克 | 定向喷雾 |

## 喹 硫 磷

**【理化性质及特点】**　纯品为无色结晶，微溶于水，易溶于甲苯、二甲苯、丙酮、乙醚、乙醇和二甲亚砜等有机溶剂。制剂遇酸、碱易分解，对光稳定。喹硫磷属有机磷类杀虫剂，对害虫具有触杀和胃毒作用，并有良好的渗透性。杀虫谱广，速效性好，有一定的杀卵作用，在植物上降解速度快，残效期短。杀虫机制是抑制昆虫体内乙酰胆碱酯酶活性。

**【毒　性】** 对高等动物中毒,对鱼类和蜜蜂有毒。在柑橘上的最高残留限量为0.5毫克/千克。

**【常用剂型】** 25%乳油。

**【防治对象和使用方法】** 可用于防治多种作物上的鳞翅目、鞘翅目、双翅目、半翅目和同翅目等害虫。

防治枣树龟蜡蚧,在幼虫发生初期,用25%乳油1 000倍液喷雾,可兼治鳞翅目害虫及蚜虫和害螨。

防治柑橘蚜虫,在各次嫩梢期有蚜株率达20%以上时喷药;防治介壳虫,在一至二龄若虫期喷药。均用25%乳油600～1 000倍液喷雾。

防治荔枝角蜡蚧、堆蜡粉蚧,在一至二龄若虫期用25%乳油600～1 000倍液喷雾。

**【注意事项】** ①玉米对喹硫磷敏感,果园内或周围种植玉米时,应慎用。②在柑橘上每年最多使用3次,安全间隔期为28天。③中毒后急救措施同敌百虫。

与喹硫鳞复配的农药,有氰戊·喹硫磷15%乳油,用于喷雾防治柑橘树的矢尖蚧,用药剂量为150～215毫克/千克。

## 苦参碱

**【理化性质及特点】** 苦参碱是由苦参的根、果用乙醇等有机溶剂提取制成的生物碱制剂。杀虫有效成分主要为苦参碱和司巴丁。苦参碱纯品为白色粉末。制剂对害虫具有触杀和胃毒作用,杀虫机制是麻痹害虫的神经中枢,使虫体蛋白质凝固,气孔堵塞,最后窒息而死。该剂药效缓慢,一般用药后5～7天才能充分发挥药效。

**【毒　性】** 对高等动物低毒,在环境中易降解,基本无残留。

**【常用剂型】** 0.2%、0.3%、0.5%和0.6%水剂。

**【防治对象和使用方法】** 主要用于防治果树上的各种蚜虫,

也可兼治部分鳞翅目害虫的低龄幼虫。

在夏季蚜虫发生期,用0.2%水剂1 000～1 500倍液喷雾,可兼治毛虫等食叶害虫。

**【注意事项】** ①苦参碱药效缓慢,应在害虫发生初期使用。②不能与碱性农药混用,以免分解失效。

## 乐果

**【理化性质及特点】** 纯品为无色晶体,溶于大多数有机溶剂,在水溶液中稳定,在碱性介质中易水解,遇热分解。乐果属有机磷类杀虫、杀螨剂,具有触杀和胃毒作用,杀虫谱广,内吸性好。在昆虫体内氧化成氧乐果,杀虫机制是抑制昆虫体内的乙酰胆碱酯酶,阻碍神经传导而致昆虫死亡。对害虫的毒力随温度的提高而增强,气温在15℃以下时,药效较差,当气温升高至40℃以上时,其分解速度又会显著加快,药效期缩短,一般只有5～7天。

**【毒　性】** 对高等动物中毒,对鱼类毒性较小,对蜜蜂和寄生蜂、瓢虫等益虫高毒,对捕食螨剧毒。

**【常用剂型】** 40%、50%和18%乳油。

**【防治对象和使用方法】** 可用于防治多种作物上的刺吸式口器害虫,如蚜虫、叶蝉、粉虱以及潜叶性害虫和某些蚧类害虫。

防治苹果树、梨、葡萄、柿、板栗等果树上的蚜虫、叶螨和网蝽等害虫,在害虫发生初期,用40%乳油800～1 600倍液喷雾。

防治苹果棉蚜,在早春用40%乳油10倍液涂抹树干。方法是:先将主枝或距地面30厘米左右主干上的老树皮刮去6～7厘米宽的圈带,深至韧皮部,然后涂药,药干后再涂1次。

防治柑橘上的橘蚜和橘二叉蚜,在各次嫩梢期有蚜株率20%左右时,用40%乳油1 000倍液喷雾。

防治柑橘介壳虫和广翅蜡蝉,在各代幼虫期用40%乳油800倍液喷雾。

防治星天牛，用钢丝将虫孔内的粪屑清除干净，用脱脂棉或吸水纸蘸40%乳油5～10倍液塞入虫孔，再以湿泥封堵虫孔。

防治荔枝蒂蛀虫，在秋梢开始展叶期，用40%乳油1000倍液加0.1%煤油喷雾。防治荔枝红带网纹蓟马，在低龄若虫盛发期，用40%乳油1000倍液喷雾。

防治龙眼角颊木虱和龙眼亥麦蛾，在各次嫩梢抽发期，防治白蛾蜡蝉在若虫低龄期，均用40%乳油1000倍液喷雾。

**【注意事项】** ①乐果对啤酒花、菊科植物、高粱、烟草以及枣树、桃、杏、梅、橄榄、无花果和柑橘等的某些品种易产生药害，应慎用。②喷过药的牧草在1个月内不可饲喂牲畜，施过药的田地在7～10天内不可放牧。③不要与碱性药剂混用。④乐果易燃，使用和贮存时应严禁烟火。⑤在柑橘上的安全间隔期不少于15天，每季最多使用3次。在苹果上的安全间隔期为7天，每季最多使用2次。⑥中毒后急救同敌百虫。

**【与乐果复配的农药】** 如表15所示。

**表15 与乐果复配的农药**

| 登记名称 | 含量及剂型 | 登记作物 | 防治对象 | 用药量 | 施用方法 |
|---|---|---|---|---|---|
| 乐果·哒螨灵 | 30%乳油 | 柑橘树 | 红蜘蛛 | 250～375毫克/千克 | 喷雾 |
| 氰戊·乐果 | 15%、25%乳油 | 柑橘树 | 潜叶蛾、锈壁虱 | 60～250毫克/千克 | 喷雾 |
| 乐果·杀扑磷 | 40%乳油 | 柑橘树 | 矢尖蚧 | 266.7～400毫克/千克 | 喷雾 |
| 氰戊·乐果 | 40%乳油 | 桃树 | 蚜虫 | 160～200毫克/千克 | 喷雾 |

## 联苯菊酯

**【理化性质及特点】** 纯品为晶状固体，原药为浅褐色固体，难溶于水,可溶于氯仿、二甲苯、甲苯和丙酮等有机溶剂。在酸性和中性条件下稳定,在碱性条下易分解,对光、热稳定。该药剂是拟除虫菊酯类杀虫、杀螨剂,对害虫具有强烈的触杀和胃毒作用,击倒力强,杀虫谱广,作用迅速,持效期长,杀虫活性高,但无内吸和熏蒸作用。在土壤中易被吸附,并很快降解,对环境较为安全。在我国最初登记商品名称为天王星。

**【毒　性】** 对高等动物毒性中等,对蜜蜂、家禽、水生生物及天敌昆虫毒性大,对鸟类低毒。在苹果上的最高残留限量为1毫克/千克。

**【常用剂型】** 2.5%、10%乳油。

**【防治对象和使用方法】** 用于防治果树、蔬菜和茶树等多种植物上的鳞翅目与同翅目害虫,也可防治叶螨,适于在虫、螨混合发生时施用。

防治桃小食心虫、苹小食心虫、梨小食心虫和白小食心虫等蛀果害虫,在成虫产卵期,当卵果率达到0.5%～1%时,用10%乳油2 000～3 000倍液喷雾,也可兼治蚜虫、卷叶虫、毛虫和叶螨等害虫。

防治桃树蚜虫,在桃树开花前后的蚜虫孵化期,喷布10%乳油3 000倍液。

防治苹果全爪螨,在苹果落花后第一代若螨集中发生期,喷布10%乳油2 000～3 000倍液。在夏季各螨态混合发生时,可与四螨嗪等杀螨剂混合使用。还可防治山楂叶螨等害螨。

防治柑橘蚜虫,在各次嫩梢期有蚜株率达20%以上时喷药;防治卷叶蛾、凤蝶和尺蠖等鳞翅目害虫,在一至二龄幼虫期喷药,用10%乳油2 000～4 000倍液喷雾。

防治柑橘叶螨,最好在早春或晚秋温度较低时,使用10%乳油1 500～3 000倍液喷雾。

**【注意事项】** ①不能与碱性农药混用,以免分解失效。②多次连续使用，害虫易产生抗药性，使用时最好与其他作用机制不同的杀虫剂交替使用。③对家蚕、蜜蜂、水生生物以及天敌昆虫毒性高，使用时应注意安全。④在苹果上的安全间隔期为10天，每年最多使用3次。⑤中毒后的急救措施同高效氟氯氰菊酯。

## 氯氰菊酯

**【理化性质及特点】** 原药为黄褐色至深红色固体或黏稠状液体，难溶于水，易溶于丙酮、二氯甲烷、氯仿、乙醇和二甲苯等有机溶剂。对光、热稳定，在中性和弱酸性介质中稳定，在碱性介质中易水解。该药剂属拟除虫菊酯类杀虫剂，对害虫具有触杀和胃毒作用，击倒速度快，残效期长，常规用量下对植物安全。

**【毒　性】** 对高等动物中等毒性。对皮肤有轻微刺激作用，对眼睛有中等刺激作用，对家禽和鸟类低毒，对蜜蜂、家蚕和天敌昆虫高毒，对鱼、虾等水生生物高毒。在苹果和柑橘上的最高残留限量为2毫克/千克。

**【常用剂型】** 5％、10％乳油，5％、10％微乳剂。

**【防治对象和使用方法】** 可用于防治多种植物上的直翅目、同翅目、双翅目、鞘翅目、半翅目和鳞翅目等害虫，但对螨类和盲蝽效果差。

防治落叶果树食心虫，在幼虫孵化初期，用10％乳油1 500～3 000倍液喷雾。

防治桃蚜，在桃蚜越冬卵孵化盛期至蚜虫卷叶以前，用10％乳油1 500～2 000倍液喷雾。防治苹果小卷叶蛾，在幼虫出蛰期和各代幼虫孵化初期，用10％乳油1 500～3 000倍液喷雾，可兼治刺蛾、毛虫和蚜虫等害虫。

防治柑橘蚜虫，在各次嫩梢期有蚜株率达20％以上时喷药；防治尺蠖、凤蝶、卷叶蛾和刺蛾，在一至二龄幼虫期喷药。均用10％乳油2 000～3 000倍液喷雾。

**【注意事项】** ①不能与碱性农药如波尔多液混用，以免降效。②对家蚕、蜜蜂、水生生物毒性高，使用时要注意安全。③在苹果上的安全间隔期为 10 天，每年最多使用 4 次，在桃和柑橘上的安全间隔期为 7 天，每年最多使用 3 次。④中毒后的急救措施同高效氟氯氰菊酯。

**【与氯氰菊酯复配的农药】** 如表 16 所示。

**表 16　与氯氰菊酯复配的农药**

| 登记名称 | 含量及剂型 | 登记作物 | 防治对象 | 用药量 | 施用方法 |
|---|---|---|---|---|---|
| 氯氰·丙溴磷 | 44%乳油 | 柑橘树 | 潜叶蛾 | 146.7～220 毫克/千克 | 喷雾 |
| 氯氰·马拉松 | 16%乳油 | 荔枝树 | 椿象 | 80～160 毫克/千克 | 喷雾 |
| 氯氰·辛硫磷 | 20%、40%乳油 | 苹果树 | 桃小食心虫 | 133～200,66～80 毫克/千克 | 喷雾 |

## 马拉硫磷

**【理化性质及特点】** 原药为透明琥珀色液体，挥发性小，工业品为深褐色油状液体，具有强烈的大蒜臭味，微溶于水，溶于多种有机溶剂。在中性和微酸性介质中稳定，对光稳定，对热稳定性较差，对铁、铅、铜、锡等金属有腐蚀作用。该药剂属有机磷类杀虫剂，对害虫具有良好的触杀和胃毒作用，也有一定的熏蒸作用，速效性好，可渗透到植物组织内。在植物体内易分解，残效期较短。

**【毒　性】** 对高等动物低毒，对眼睛和皮肤有刺激性。对蜜蜂高毒，对鱼毒性中等，对寄生蜂、瓢虫及捕食螨等天敌毒性高。

**【常用剂型】** 45%乳油，25%油剂。

**【防治对象和使用方法】** 可防治多种植物上的鳞翅目、同翅目和半翅目等害虫，对害螨也有一定防治效果，与菊酯类杀虫剂混用有增效作用。春季低温时杀虫效果差,故在配制药液时可适当提高浓度。

防治落叶果树上的蝽类、刺蛾、毛虫、蚜虫和介壳虫,在幼(若)虫发生期用45%乳油1 000倍液喷雾。与氰戊菊酯或高效氯氰菊酯等菊酯类农药混用,对食心虫和卷叶虫等害虫防效良好,且残效期较长。

防治柑橘介壳虫、刺蛾和蓑蛾,在幼(若)虫发生初期,用45%乳油800～1 000倍液喷雾。

防治荔枝角蜡蚧、堆蜡粉蚧和枇杷蓑蛾等害虫,在一至二龄若虫或幼虫期用45%乳油800～1 000倍液喷雾。

**【注意事项】** ①不可与碱性或强酸性农药混用,以免分解失效。②瓜类、甘薯、豇豆和十字花科蔬菜以及樱桃、梨、葡萄的某些品种,对马拉硫磷敏感,使用前应先做试验,以免发生药害。③本品对蜜蜂高毒,放蜂期间不要在蜜源植物上使用。④制剂易燃,在运输和贮存时应严禁烟火。⑤果实采收前10天停止使用。⑥中毒后急救措施同敌百虫。

**【与马拉硫磷复配的农药】** 如表17所示。

**表17 与马拉硫磷复配的农药**

| 登记名称 | 含量及剂型 | 登记作物 | 防治对象 | 用药量 | 施用方法 |
|---|---|---|---|---|---|
| 马拉·杀扑磷 | 40%乳油 | 柑橘树 | 介壳虫 | 400～800毫克/千克 | 喷雾 |
| 马拉·联苯菊 | 14%乳油 | 苹果树 | 红蜘蛛 | 28～35毫克/千克 | 喷雾 |
| 氰戊·马拉松 | 20%、21%、30%、40%乳油 | 苹果树、柑橘树 | 桃小食心虫、蚜虫、红蜘蛛 | 60～333毫克/千克 | 喷雾 |

## 灭幼脲

**【理化性质及特点】** 纯品为白色结晶，不溶于水，微溶于丙酮，易溶于二甲基甲酰胺和吡啶等有机溶剂。对光和热较稳定，遇碱或强酸性物质易分解，常温下贮存稳定。灭幼脲是苯甲酰基类昆虫生长调节剂，对害虫以胃毒作用为主，兼有一定的触杀作用，能够抑制昆虫几丁质的合成，导致幼虫不能正常蜕皮而死亡。也能抑制卵内胚胎发育过程中几丁质的合成，使卵不能正常孵化。该药剂作用迟缓，在幼虫取食3天后开始死亡，药效期可达15～20天。耐雨水冲刷，田间降解速度慢。

**【毒　性】** 对高等动物低毒，对鱼类、蜜蜂、鸟类及天敌昆虫较安全。

**【常用剂型】** 20%、25%悬浮剂，25%可湿性粉剂。

**【防治对象和使用方法】** 对鳞翅目和双翅目昆虫的幼虫活性高，适宜防治果树、林木上的鳞翅目害虫。

防治苹果金纹细蛾、旋纹潜叶蛾、银纹潜叶蛾和桃潜叶蛾，在各代成虫盛发期后3～4天，用25%悬浮剂1 500～2 000倍液喷雾，第一次喷药后间隔10～15天再喷1次。

防治舞毒蛾、刺蛾、苹掌舟蛾和剑纹夜蛾等食叶性害虫，在低龄幼虫期喷布25%悬浮剂1 500～2 000倍液，杀虫效果良好。

防治柑橘潜叶蛾、卷叶蛾、凤蝶、刺蛾和尺蠖等，在一至二龄幼虫期使用25%悬浮剂1 000倍液喷雾。

防治荔枝、龙眼卷叶蛾、杧果横线尾夜蛾、杧果小齿螟和枇杷苹掌舟蛾，在低龄幼虫期用25%悬浮剂500～1 000倍液喷雾。

**【注意事项】** ①制剂在贮存过程中有沉淀现象，使用时应摇匀后再加水稀释，不影响药效。②不能与碱性或强酸性物质混用，以免分解失效。③该药剂为迟效性药剂，应在害虫发生初期用药。④药剂对桑蚕毒性高，不能在桑树上使用。在桑园附近使用时应注意安全。

与灭幼脲复配的农药有哒螨·灭幼脲30%可湿性粉剂,用于喷雾防治苹果树上的金纹细蛾和山楂红蜘蛛等害虫,用药剂量为150～200毫克/千克。

## 氰戊菊酯

**【理化性质及特点】** 纯品为微黄色透明油状液体,易溶于二甲苯和甲醇等有机溶剂,微溶于水。对热、潮湿稳定,在中性和酸性介质中相对稳定,在碱性介质中迅速水解。该药剂属拟除虫菊酯类杀虫剂,对害虫具有触杀和胃毒作用,无内吸和熏蒸作用,对害虫击倒速度快,杀虫谱广,可有效防治150多种害虫,但连续使用后,害虫易产生抗药性。生产上常与有机磷或氨基甲酸酯类农药混用,以提高防治效果。

**【毒　性】** 对高等动物毒性中等,对鱼、蜜蜂和家蚕以及天敌昆虫高毒。在苹果和柑橘(柑橘全果)上的最高残留限量为2毫克/千克。

**【常用剂型】** 20%乳油。

**【防治对象和使用方法】** 可用于防治果树上的鳞翅目、半翅目、双翅目和同翅目等多种害虫,但对螨类无效。

防治桃小食心虫、梨小食心虫、李小食心虫等食心虫类害虫,在成虫产卵期,当卵果率达到0.5%～1%时,用20%乳油1 500～2 000倍液喷雾。

防治各种卷叶蛾、毛虫和刺蛾等食叶性害虫,在幼虫发生初期用20%乳油2 000～3 000倍液喷雾。

防治柑橘蚜虫,在各次嫩梢期有蚜株率在20%以上时喷药;防治柑橘卷叶蛾、凤蝶、尺蠖和刺蛾等鳞翅目害虫,在一至二龄幼虫期喷药。均用20%乳油2 000～3 000倍液喷雾。

**【注意事项】** ①不能与碱性物质混用,以免分解失效。②该药剂无内吸杀虫作用，喷药时应均匀周到。③对蜜蜂、水生生物、家蚕和家禽毒性高，使用时应注意安全。④在苹果和柑橘上的安全间隔期分别为14天和7天，每年最多使用3次。⑤中毒后的急救措施同高效氟氯氰菊酯。

**【与氰戊菊酯复配的农药】** 如表18所示。

**表18 与氰戊菊酯复配的农药**

| 登记名称 | 含量及剂型 | 登记作物 | 防治对象 | 用药量 | 施用方法 |
|---|---|---|---|---|---|
| 氰戊·氧乐果 | 20%乳油 | 柑橘树 | 介壳虫、潜叶蛾 | 66.6～133.3毫克/千克 | 喷雾 |
| 氰戊·马拉松 | 20%、21%、30%乳油 | 苹果树 | 桃小食心虫 | 60～333毫克/千克 | 喷雾 |
| 氰戊·辛硫磷 | 20%、28%、25%、40%乳油 | 苹果树 | 桃小食心虫、蚜虫 | 1000～2000倍液 | 喷雾 |
| 氰戊·杀螟松 | 20%乳油 | 苹果树 | 桃小食心虫 | 160～333毫克/千克 | 喷雾 |

## S-氰戊菊酯

**【理化性质及特点】** S-氰戊菊酯是氰戊菊酯单一的A异构体化合物，其原药为褐色黏稠液体，23℃以下为固体。纯品为无色晶体，几乎不溶于水，易溶于二甲苯、丙酮和氯仿等有机溶剂。对光、热相对稳定。该药剂属拟除虫菊酯类杀虫剂，对害虫具有触杀和胃毒作用，杀虫活性比氰戊菊酯约高4倍，使用剂量低，效果好，对作物安全。在我国最初登记商品名称为来福灵。

**【毒　性】** 对高等动物毒性中等，对眼睛有轻微刺激作用，对水生生物、家禽、蜜蜂高毒。在苹果和柑橘(柑橘全果)上的最高残留限量为2毫克/千克。

**【常用剂型】** 5%乳油，5%水乳剂。

**【防治对象和使用方法】** 对鞘翅目、双翅目、半翅目、鳞翅目和直翅目等多种害虫有较好的防治效果。

防治落叶果树食心虫、卷叶虫和毛虫等鳞翅目害虫，在幼虫孵化初期，用5%乳油2 000～3 000倍液喷雾。

防治柑橘凤蝶、卷叶蛾、刺蛾和尺蠖等鳞翅目害虫，在一至二龄幼虫期用5%乳油2 000～4 000倍液喷雾。

防治荔枝蝽，在低龄若虫期喷药；防治荔枝蒂蛀虫，在收获前15天喷药。均用5%乳油2 000～4 000倍液喷雾。

**【注意事项】** ①在害虫、害螨并发时，要与杀螨剂混合施用。②不能与碱性物质混用，以免分解失效。为延缓害虫抗药性的产生，应尽量减少用药次数和使用剂量，并与其他作用机制不同的杀虫剂交替使用。③药剂对蜜蜂、鱼、虾和家蚕毒性高，施药时不要污染养蜂场、河流、池塘和桑园等。④在苹果上安全间隔期为14天，每年最多使用3次；在柑橘上安全间隔期为21天，每年最多使用3次。⑤中毒后的急救措施同高效氟氯氰菊酯。

## 三唑磷

**【理化性质及特点】** 纯品为浅黄色油状物，可溶于乙酸乙酯、丙酮、乙醇和甲苯等大多数有机溶剂。对光稳定，在酸性和碱性介质中易水解。三唑磷属有机磷类杀虫、杀螨和杀线虫剂，对害虫具有强烈的触杀和胃毒作用，杀卵作用明显，渗透性较强。无内吸作用。

**【毒　性】** 对高等动物毒性中等，对蜜蜂和水生生物有毒。

**【常用剂型】** 40%、20%乳油，15%、20%和30%水乳剂，8%、15%和20%微乳剂。

**【防治对象和使用方法】** 广泛用于防治果树、棉花和粮食类作物上的鳞翅目害虫、害螨、蝇类幼虫及地下害虫等。

防治苹果和梨等果树上的桃小食心虫与梨小食心虫，在成虫产卵期，当卵果率达到 0.5%～1%时，用 40%乳油 1 000～2 000 倍液喷雾。

防治柑橘红蜘蛛，在春、秋季红蜘蛛种群达到防治指标时，用 20%乳油 1 000 倍液喷雾。

防治柑橘蚜虫，在嫩梢期有蚜株率达 20%左右时，用 20%乳油 1 000～1 500 倍液喷雾。

**【注意事项】** ①药剂毒性较大，施药时应特别注意安全防护。运输时应使用专门车辆。贮存在远离食物、饲料和儿童接触不到的地方。②因药剂对蜜蜂有毒，果树花期不宜使用。③中毒后急救措施同敌百虫。

## 噻虫嗪

**【理化性质及特点】** 纯品为白色结晶粉末，在常温下稳定，制剂保质期在 2 年以上。噻虫嗪对害虫具有胃毒和触杀作用，其杀虫机制是干扰昆虫体内神经的传导作用，使昆虫一直处于高度兴奋状态，生理代谢发生紊乱，直至死亡。噻虫嗪具有很强的内吸作用，喷雾于植物体上，叶片吸收后迅速传导到各个部位，害虫取食药剂后，很快停止取食，表现中毒症状，2～3 天后死亡。药剂持效期较长。由于噻虫嗪的杀虫机制独特，与现有杀虫剂无交互抗性，故用于防治对有机磷和拟除虫菊酯类杀虫剂产生抗性的害虫效果良好。在我国最初登记的商品名称为阿克泰。

**【毒　性】** 对高等动物低毒，对蜜蜂有毒。

**【常用剂型】** 25%水分散粒剂。

**【防治对象和使用方法】** 主要用于防治各种蚜虫、飞虱、粉虱、介壳虫和叶蝉等刺吸式口器害虫。在果树上主要用于防治各种蚜虫、介壳虫和粉虱。

防治柑橘矢尖蚧，在一至二龄若虫期，用 25%水分散粒剂 4 000倍液喷雾。

防治柑橘蚜虫，在嫩梢期有蚜株率达25%左右时，用25%水分散粒剂8 000～12 000倍液喷雾。

防治柑橘潜叶蛾，在夏、秋梢多数嫩叶长1～3厘米时，用25%水分散粒剂3 000～4 000倍液喷雾。

防治苹果黄蚜、梨二叉蚜和桃蚜等蚜虫，在蚜虫发生期，用25%水分散粒剂5 000～10 000倍液喷雾。

**【注意事项】** ①噻虫嗪属新型杀虫剂，用量很少就能获得很好的防治效果，在使用过程中不要盲目加大用药剂量。②害虫接触药剂后死亡速度较慢，在施药后2～3天出现死亡高峰，不必连续喷药。③避免在低于－10℃或高于35℃的条件下贮存，以免分解失效。④若发生中毒，无专用解毒剂，应对症治疗。

## 噻嗪酮

**【理化性质及特点】** 纯品为无色结晶，对酸、碱、光、热稳定，难溶于水。对害虫主要是触杀作用，兼有胃毒作用，能抑制害虫几丁质的合成，干扰新陈代谢，使若虫蜕皮畸形或翅畸形而缓慢死亡。通常施药后3～7天见效，持效期长达30天。对卵孵化有一定抑制作用，对成虫没有直接杀伤力，但可缩短其寿命，减少产卵，并且产出的卵多为不育卵，幼虫即使孵化也会很快死亡。在我国最初登记的商品名称为扑虱灵。

**【毒　性】** 对高等动物、鱼类和鸟类低毒，对家蚕、蜜蜂和天敌昆虫安全。在柑橘(全果)上的最高残留限量为0.2毫克/千克。

**【常用剂型】** 25%可湿性粉剂。

**【防治对象和使用方法】** 对同翅目害虫中的粉虱、飞虱和叶蝉等防治效果良好，对介壳虫和鞘翅目中的部分害虫也有效。

防治桃、杏、枣、苹果、梨等果树上的介壳虫，在若虫孵化盛期至若虫低龄期，喷布25%可湿性粉剂1 000～1 500倍液。

防治蛴螬，每667平方米用25%可湿性粉剂100克，先用少量水稀释成药液，喷雾于40千克细土上，拌匀，均匀撒于地面，浅耕入土。

防治柑橘矢尖蚧、柑橘粉虱和黑刺粉虱，在一龄若虫盛发期，用25%可湿性粉剂1 000～1 500倍液喷雾。

**【注意事项】** ①该药剂药效缓慢，应在害虫发生初期施药。②药剂对白菜和萝卜等蔬菜作物敏感，果园间作这类蔬菜时应注意防护。③在柑橘上的安全间隔期为35天，每年最多使用2次；在落叶果树上的安全间隔期为14天。④无特别解毒剂，不慎中毒应对症治疗。

**【与噻嗪酮复配的农药】** 如表19所示。

**表19 与噻嗪酮复配的农药**

| 登记名称 | 含量及剂型 | 登记作物 | 防治对象 | 用药量 | 施用方法 |
| --- | --- | --- | --- | --- | --- |
| 噻嗪·氧乐果 | 35%乳油 | 柑橘树 | 红蜡蚧、矢尖蚧、红圆蚧 | 350～437.5毫克/千克 | 喷雾 |
| 噻嗪·哒螨灵 | 20%乳油 | 柑橘树 | 红蜘蛛、矢尖蚧 | 800～1000倍液 | 喷雾 |
| 噻嗪·杀扑磷 | 20%乳油、可湿性粉剂，28%、31%乳油 | 柑橘树 | 介壳虫 | 800～1200倍液 | 喷雾 |

## 杀虫双

**【理化性质及特点】** 纯品为白色结晶，易吸潮，易溶于水、热乙醇及甲醇与二甲基苯甲酰胺等有机溶剂。在中性及偏碱性条件下稳定，酸性条件下易分解，常温下稳定。杀虫双属沙蚕毒素类杀虫剂，对害虫具有触杀和胃毒作用，也有一定的熏蒸和杀卵作用，而且有很强的内吸性，能被植物的根和叶吸收，传导到植物各个部位,有效期为7～10天。

**【毒　性】** 对高等动物毒性中等,对鱼低毒,对家蚕剧毒。

**【常用剂型】** 18%、25%、29%和30%水剂。

**【防治对象和使用方法】** 可防治多种作物上的鳞翅目害虫、蚜虫、叶甲和叶螨等害虫和害螨。

防治落叶果树上的桃蚜、苹果黄蚜、瘤蚜以及叶蝉、梨星毛虫与卷叶蛾等害虫,在害虫发生初期,用25%水剂600～800倍液喷雾。也可用于防治山楂叶螨等害螨,在活动态螨盛发期用25%水剂600～800倍液喷雾。在药液中加入0.05%～0.1%的洗衣粉,可提高杀虫效果。

防治柑橘潜叶蛾,在夏、秋梢嫩叶长1～2.5厘米时喷药;防治卷叶蛾和凤蝶等,在一至二龄期喷药。均用25%水剂600～800倍液喷雾。防治潜叶蛾7天左右喷药1次。

防治荔枝、龙眼的蒂蛀虫,在幼虫初孵至盛孵期用25%水剂500倍液喷雾。

**【注意事项】** ①杀虫双对家蚕剧毒,即使药剂挥发的气体对桑叶也有污染,一旦喷到桑叶上,残效期长达2个月左右,故在蚕区附近不宜喷施。②马铃薯、棉花、豆类、高粱及白菜和甘蓝等十字花科蔬菜对药剂敏感,果园间作这些作物时不宜使用。③喷雾时加入0.05%～0.1%洗衣粉可提高药效。④稀释倍数在600倍以下或气温太高时,对柑橘叶、果会产生药害,施用时应注意。⑤一旦发生中毒,根据情况可用碱性液体洗胃或冲洗皮肤。草蕈碱样症状明显者,可用阿托品类药物对抗,但注意防止过量。忌用胆碱酯酶。

## 杀螟硫磷

**【理化性质及特点】** 纯品为白色结晶,工业原油为棕黄色油状液体,带有大蒜气味。微溶于水,易溶于甲醇、乙醇、丙酮和乙醚等有机溶剂。在常温下对日光稳定。高温及碱性条件下易分解。该药剂属有机磷类杀虫剂,对害虫具有触杀和胃毒作用,具有杀卵作用。持效期较短。

**【毒　性】** 对高等动物低毒,对鱼类毒性中等,对青蛙无害,对蜜蜂高毒,但施药2～3天后无害。在水果、茶叶、蔬菜、大豆上的最高残留限量为0.2毫克/千克。

**【常用剂型】** 45%、50%乳油。

**【防治对象和使用方法】** 可用于防治多种果树、蔬菜和茶树等作物上的鳞翅目和同翅目害虫。

防治桃小食心虫、梨小食心虫和李小食心虫等食心虫类害虫,在成虫产卵期,当卵果率达到0.5%～1%时,用45%乳油900～1 800倍液喷雾。

防治果树介壳虫,在一至二龄若虫期,用50%乳油800～1 000倍液喷雾。

防治龙眼一点木蛾,在幼虫初发期喷药;防治枇杷黄毛虫,在枇杷新梢抽发后幼虫初孵期喷药。均用50%乳油800～1 000倍液喷雾。

**【注意事项】** ①本剂对鱼类和蜜蜂毒性大,使用时要注意安全。②不能与碱性农药混合使用,以免分解失效。③药剂对萝卜、油菜、青菜和卷心菜等十字花科蔬菜及高粱,易产生药害,果园间作或周围有这些作物时要注意防护。④中毒后急救措施同敌百虫。

## 虱螨脲

**【理化性质及特点】** 纯品为白色结晶体,在空气和光照下稳定。虱螨脲属苯甲酰脲类几丁质抑制剂,对害虫的作用方式主要是胃毒作用,兼有触杀作用。适合于防治对拟除虫菊酯类和有机磷类农药产生抗性的害虫。药效作用缓慢,施药后2～3天见效,可杀灭新产的虫卵，持效期长。

**【毒　性】** 对高等动物和鸟类低毒，对天敌相对安全。

**【常用剂型】** 5%、50克/升乳油。

**【防治对象和使用方法】** 可用于防治果树和蔬菜等作物上的多种害虫和害螨。

防治落叶果树桃小食心虫、梨小食心虫和苹果蠹蛾等食心虫，在成虫产卵盛期和幼虫孵化初期，用5%乳油1 000～2 000倍液喷雾。

防治落叶果树卷叶虫和食叶性害虫，在各代幼虫孵化初期，用5%乳油1 000～2 000倍液喷雾，还可兼治刺蛾等食叶害虫。

防治柑橘潜叶蛾，在夏、秋梢嫩叶长到0.5～2厘米时，用5%乳油1 000～2 000倍液喷雾，10天左右喷1次，连续喷2～3次。

防治各种卷叶蛾和凤蝶等食叶害虫，在一至二龄幼虫期，用5%乳油1 000～2 000倍液喷雾。

防治柑橘锈螨，在7～9月份，当害螨达到防治指标时，用5%乳油1 000～2 000倍液喷雾，持效期20天左右。

**【注意事项】** ①对家蚕和鱼类等水生生物有毒，施药时应注意防护。对蜜蜂有一定影响，花期慎用。②药效表现迟缓，需在幼虫低龄期或害虫发生早期使用。

## 苏云金杆菌

**【理化性质及特点】** 原药为黄褐色固体，不溶于水和大多数有机溶剂，在紫外光和碱性条件下易分解，干粉在40℃以下稳定。该药剂是一种细菌性杀虫剂，是由昆虫病原细菌苏云金杆菌经发酵培养而成，其杀虫有效成分是细菌毒素（伴孢晶体、β外毒素等）和芽孢，对害虫具有胃毒作用。害虫取食药剂后，由于毒素的作用，停止取食，同时芽孢在虫体内萌发并大量繁殖，导致害虫死亡。该药剂药效缓慢，害虫取食后1～2天才开始死亡，残效期10天左右。

**【毒　　性】** 对高等动物低毒,对家禽、鸟类、鱼类等低毒,对害虫天敌安全,但对蚕高毒。

**【常用剂型】** 2 000、8 000IU/微升悬浮剂,8 000、16 000IU/毫克可湿性粉剂。

**【防治对象和使用方法】** 用于防治果树、蔬菜和粮棉等作物上的鳞翅目害虫。

防治落叶果树上的尺蠖、刺蛾和巢蛾等鳞翅目害虫,在幼虫发生初期,用8000 IU/微克可湿性粉剂200倍液喷雾。

防治柑橘凤蝶、尺蠖和刺蛾,在一至二龄幼虫期每667平方米用8000 IU/微克可湿性粉剂150～250克,对水喷雾。

**【注意事项】** ①苏云金杆菌主要用于防治鳞翅目害虫的低龄幼虫,施药期一般要比化学农药提早2～3天。气温在30℃以上时施用防治效果好。②对家蚕毒性高,禁止在桑树上使用。③应在低于25℃的阴凉干燥处贮存,防止暴晒和潮湿,以免变质。

## 辛硫磷

**【理化性质及特点】** 纯品为浅黄色油状液体,工业品为红棕色液体,微溶于水,易溶于多数有机溶剂。在中性和酸性条件下稳定,在碱性和高温条件下易分解,对光不稳定,尤其对紫外光很敏感,容易分解失效,在黑暗或遮光条件下稳定。辛硫磷属有机磷类杀虫剂,对害虫具有很强的触杀作用,击倒速度快,也有一定的胃毒作用。其杀虫机制是抑制昆虫体内胆碱酯酶的活性。由于易光解失效,一般茎叶喷洒持效期只有2～3天。用于土壤处理,持效期可达1～2个月,随后被土壤微生物分解。因此,特别适用于地下害虫的防治。

**【毒　　性】** 对高等动物低毒,对蜜蜂、鱼类以及瓢虫、捕食螨与寄生蜂等天敌昆虫毒性大。

**【常用剂型】** 20%、40%、50%和60%乳油，1.5%、3%、5%、10%颗粒剂。

**【防治对象和使用方法】** 用于防治多种植物上的蚜虫、叶蝉及鳞翅目害虫的幼虫，对鳞翅目大龄幼虫防治效果较好。

防治桃小食心虫、杏仁蜂、李实蜂和杏象甲等在土中越冬的害虫，在越冬幼虫出土前，每667平方米用50%乳油0.5千克对水150升，均匀喷洒于地面，或用5%颗粒剂1.5～2.5千克加细土拌匀，均匀撒于地面，然后中耕或耙入土中，20天后再施药1次。施药前先清除地面杂草和枯枝落叶等杂物。

防治落叶果树蚜虫、星毛虫、刺蛾、天幕毛虫、尺蠖、舞毒蛾和叶蝉等害虫，在害虫发生初期，用50%乳油1 000～2 000倍液喷雾。

防治橘实蕾瘿蚊和花蕾蛆，在成虫出土或幼虫出土期，在地面喷洒50%乳油1 000倍液。

防治荔枝瘿蚊，在越冬幼虫离瘿入土始盛期(一般年份在3月中旬至4月中旬)或成虫羽化出土始盛期前(4月上中旬至5月上旬)，在地面按每667平方米撒施50%乳油0.5千克配制的毒土，并于施药后随即浅耕园土深达4～6厘米，使药土混匀，效果更好。防治杨桃鸟羽蛾，在幼虫入土化蛹和成虫羽化出土时，在地面撒施5%颗粒剂，每667平方米2～2.5千克。

**【注意事项】** ①辛硫磷易光解，应避光保存。田间喷雾时间以傍晚为宜。②不宜与碱性物质混用，以免分解失效。③玉米、高粱、瓜类、十字花科蔬菜以及桃、杏、樱桃等核果类某些品种对药剂敏感，使用时应慎重。④该药剂对蜜蜂高毒，放蜂前不宜在蜜源植物上使用。⑤在苹果上安全间隔期为7天，每年最多使用4次。⑥中毒后急救措施同敌百虫。

**【与辛硫磷复配的农药】** 如表20所示。

表20 与辛硫磷复配的农药

| 登记名称 | 含量及剂型 | 登记作物 | 防治对象 | 用药量 | 施用方法 |
|---|---|---|---|---|---|
| 哒螨·辛硫磷 | 24%、25%、29%乳油 | 柑橘树 | 红蜘蛛 | 1000～1500倍液 | 喷雾 |
| 硫丹·辛硫磷 | 35%乳油 | 苹果树 | 红蜘蛛 | 292～438毫克/千克 | 喷雾 |
| 丙溴·辛硫磷 | 25%乳油 | 苹果树 | 蚜虫 | 125～250毫克/千克 | 喷雾 |
| 氯·灭·辛硫磷 | 25%乳油 | 苹果树 | 蚜虫 | 125～250毫克/千克 | 喷雾 |

## 溴氰菊酯

**【理化性质及特点】** 纯品为白色斜方形针状结晶。工业原药为无色结晶粉末,微溶于水,可溶于丙酮及二甲苯等大多数芳香族有机溶剂。在中性、酸性溶液中较稳定,在碱性溶液中易分解。该药剂属拟除虫菊酯类杀虫剂,对害虫具有强烈的触杀和胃毒作用,有一定驱避与拒食作用,无内吸和熏蒸作用。其杀虫机制是作用于神经系统,为神经毒剂。中毒昆虫过度兴奋,麻痹而死。药剂具有亲脂性,能够紧密接触昆虫体表,而不被体内的酶所破坏,因此具有杀虫谱广、击倒速度快和药效较高等特点,尤其对鳞翅目幼虫和蚜虫防治效果好。

**【毒　性】** 对高等动物毒性中等,对眼睛、黏膜和皮肤有刺激性。对鱼类、蜜蜂和家蚕剧毒,对寄生蜂、瓢虫和草蛉等天敌昆虫毒性大,对鸟类毒性低。在苹果和柑橘上的最高残留限量分别为0.1毫克/千克和0.05毫克/千克。

**【常用剂型】** 2.5%乳油。

**【防治对象和使用方法】** 用于防治果树上的鳞翅目、鞘翅目、双翅目和半翅目等多种害虫,尤其对鳞翅目幼虫有特效,但对螨类无效。

防治桃小食心虫和梨小食心虫等蛀果害虫，在成虫产卵期，当卵果率达0.5%～1%时，用2.5%乳油2 000～3 000倍液喷雾，可有效杀灭初孵幼虫，持效期达15天。

防治苹果小卷叶蛾，在苹果开花前越冬代幼虫出蛰期和以后各代幼虫发生初期，用2.5%乳油2 0000～3 000倍液喷雾。

防治苹果瘤蚜、绣线菊蚜，在苹果开花前喷布2.5%乳油3 000～4 000倍液，并可兼治卷叶虫等害虫。

防治柑橘花蕾蛆，在柑橘花蕾直径达2毫米大小时，用2.5%乳油1 500～2 500倍液喷树冠和地面。

防治柑橘蚜虫，在各次嫩梢期有蚜株率达20%以上时喷药；防治橘潜叶甲，在越冬成虫活动期和幼虫初孵期喷药；防治恶性叶甲，在第一代幼虫孵化率达40%时喷药；防治尺蠖和卷叶蛾等鳞翅目害虫，在一至二龄幼虫期喷药；防治柑橘木虱，在各次放梢期，萌芽后主芽长5厘米以下时喷药。均用2.5%乳油1 000～2 000倍液喷雾。

**【注意事项】** ①不能与碱性农药混用，以免分解失效。②药剂对螨类无效，对天敌影响较大，多次使用易引起害螨猖獗发生，故在虫、螨混合发生时，应与杀螨剂混用。③不能在鱼塘、河流、桑园和养蜂场等处使用，以免对水生生物、蚕、蜂等产生毒害。④在苹果上的安全间隔期为5天，每年最多使用3次；在柑橘上的安全间隔期为28天，每年最多使用3次。⑤药剂对人眼睛、鼻黏膜、皮肤刺激性大，有些人易产生过敏反应，施药时应注意保护。在使用过程中，如有药液溅到皮肤上，应立即用滑石粉吸干，再用肥皂清洗。如药液溅入眼中，应立即用大量清水冲洗。中毒后，无特殊解毒剂，可对症治疗。大量吞服时可洗胃，不能催吐。

## 烟　碱

**【理化性质及特点】** 烟碱是烟草中具有杀虫作用的主要成分。纯品为无色黏性液体，易挥发。遇光和空气逐渐变成褐色，变黏并有特殊臭味，遇酸成盐。易溶于水和有机溶剂。烟碱对害虫的作用方式主要是触杀作用，也兼有熏蒸和胃毒作用，能使害虫迅速麻痹，药效快，有效期短。

**【毒　性】** 对高等动物和鱼类等水生生物毒性中等，对家蚕高毒。

**【常用剂型】** 0.5%烟碱·苦参碱水剂，40%硫酸烟碱，也可自行配制烟草水。

**【防治对象和使用方法】** 在果树上用于防治蚜虫、介壳虫、卷叶虫、叶蝉、害螨、蓟马和椿象等害虫，用40%硫酸烟碱加水稀释成800～1 000倍液喷雾，在药液中加入0.2%肥皂，可提高防治效果。也可自行配制烟草水。方法是：将烟草末或捣碎的烟茎和烟筋，用适量清水浸泡1天，高温时浸泡半天，滤去渣，然后按每千克烟草水加水10～15升，或每千克烟茎、烟筋水加水6～8升直接喷雾。

用烟叶1千克、生石灰0.5千克，加水40升，配制成烟草石灰水。具体做法为：先用10升热水将烟叶浸泡半小时，用手揉搓，然后将烟叶捞出，放在另外10升清水中继续揉搓，直到没有浓汁液揉出为止。将两次揉搓出的烟草水合并。另用10升水加0.5千克石灰配成石灰乳，滤去渣，将石灰乳液和烟草水混合后，再加水10升，搅拌均匀即可喷雾。若用肥皂或棉油皂（用量为总液量的0.33%）代替生石灰，杀虫效果更好。

防治柑橘树上的矢尖蚧，在若虫发生初期，用0.5%烟碱·苦参碱水剂500～1 000倍液喷雾。

**【注意事项】** ①自制烟草水应现制现用，不能久放，也不能与其他农药混用。②本剂对鱼类和家蚕有毒，施用时应注意安全。

## 乙酰甲胺磷

**【理化性质及特点】** 纯品为白色针状结晶。易溶于水、甲醇、乙醇和丙酮等极性溶剂和二氯甲烷、二氯乙烷等卤代烷烃，在苯、二甲苯和甲苯中溶解度小。在碱性介质中易分解。该药剂属有机磷杀虫剂，具有很强的内吸性，亦有胃毒和触杀及一定的熏蒸作用，杀虫谱广，并有杀卵作用，对刺吸式口器和咀嚼式口器害虫防治效果好。药效较为迟缓，后效作用强，持效期达 10～15 天。其作用机制是抑制昆虫体内乙酰胆碱酯酶的活性，使害虫中毒死亡。

**【毒　性】** 对高等动物低毒，对鱼类、家禽和鸟类比较安全。

**【常用剂型】** 20%、30%、40%乳油，97%水分散粒剂，75%可溶性粉剂。

**【防治对象和使用方法】** 主要用于防治果树、水稻、棉花、旱田粮油作物和花卉等植物上的鳞翅目、同翅目及半翅目害虫。

防治桃小食心虫和梨小食心虫，在成虫产卵期，当卵果率达 0.5%～1%时，用 30%乳油 500～1 000 倍液喷雾。

防治刺蛾和舟形毛虫等食叶性害虫，在幼虫发生初期用 40%乳油 1 000～1 500 倍液喷雾。

防治苹果小卷叶蛾和黄斑卷叶蛾等卷叶虫，在幼虫孵化初期用 40%乳油 800～1 000 倍液喷雾。

防治桃蚜、黄蚜和瘤蚜等蚜虫，在蚜虫发生初期用 40%乳油 500～1 000 倍液喷雾。

防治桑盾蚧、梨圆蚧等介壳虫，在若虫孵化初期喷布 40%乳油 600～1 000 倍液。

防治柑橘介壳虫，在一龄若虫期用 30%乳油 500～1 000 倍液喷雾。

防治荔枝角蜡蚧、堆蜡粉蚧，在幼虫孵化初期用 30%乳油

500～1000 倍液喷雾。

**【注意事项】** ①不能与碱性农药混用，以免分解失效。②向日葵对乙酰甲胺磷敏感，果园内或果园周围有向日葵时应慎用。③果实采收前 7 天停止使用。④该药易燃，在运输和贮存过程中应注意防火。在阴凉处贮存。⑤中毒后急救措施同敌百虫。

# 第四章 杀螨剂

## 苯丁锡

**【理化性质及特点】** 纯品为无色粉末结晶。难溶于水，溶于丙酮、苯和二氯甲烷等有机溶剂。制剂对害螨以触杀为主，对幼螨、若螨和成螨均有效，对螨卵效果差，可有效防治对有机氯和有机磷农药产生抗性的害螨。残效期可达1～2个月。药效与气温有关，在22℃以上时药效较好，低于15℃药效较差。

**【毒　性】** 对高等动物低毒，对眼睛、皮肤和呼吸道刺激性较大。对鱼类等水生生物高毒，对鸟类、蜜蜂低毒，对捕食螨、瓢虫和草蛉等较安全。在柑橘(全果)上的最高残留限量为5毫克/千克。

**【常用剂型】** 25%、50%可湿性粉剂，20%悬浮剂，10%乳油。

**【防治对象和使用方法】** 苯丁锡可广泛用于防治多种果树上的害螨。

防治落叶果树害螨，在苹果全爪螨和山楂叶螨发生期，用50%可湿性粉剂2 000倍液均匀喷雾。

防治柑橘害螨，在春、秋季发生期，当每叶平均有红蜘蛛2头时喷药；防治柑橘锈螨，在6～10月份锈螨发生期，用10倍放大镜观察叶片或果实，当每个视野平均有螨2～3头时，用50%可湿性粉剂2 000～2 500倍液喷雾。

防治荔枝瘿螨，在春、秋梢萌发期、花穗期和幼果期，分别用50%可湿性粉剂2 000～2 500倍液喷雾。

**【注意事项】** ①药剂对眼睛、皮肤和呼吸道刺激性较大，施药时应注意防护，并防止污染鱼塘和河流。②该药剂为感温型杀螨剂，冬季不宜使用。③在柑橘上每年最多使用2次，安全间隔期为

21天。

【与苯丁锡复配的农药】 如表21所示。

表21　与苯丁锡复配的农药

| 登记名称 | 含量及剂型 | 登记作物 | 防治对象 | 用药量 | 施用方法 |
|---|---|---|---|---|---|
| 阿维·苯丁锡 | 10%乳油，10.6%悬浮剂 | 柑橘树 | 红蜘蛛 | 50～100，34.3～53毫克/千克 | 喷雾 |
| 苯丁·炔螨特 | 38%乳油 | 柑橘树 | 红蜘蛛 | 190～253.3毫克/千克 | 喷雾 |
| 苯丁·哒螨灵 | 10%、15%乳油，25%可湿性粉剂 | 柑橘树 | 红蜘蛛 | 50～100，125～156.25毫克/千克 | 喷雾 |
| 苯丁·丙溴磷 | 21%乳油 | 柑橘树 | 红蜘蛛 | 200～250毫克/千克 | 喷雾 |
| 四螨·苯丁锡 | 17.5%可湿性粉剂，45%悬浮剂 | 柑橘树 | 红蜘蛛 | 116.7～175，180～225毫克/千克 | 喷雾 |
| 硫磺·苯丁锡 | 50%悬浮剂 | 柑橘树 | 红蜘蛛 | 500～625毫克/千克 | 喷雾 |

## 哒螨灵

【理化性质及特点】 纯品为白色结晶，稍有气味，在pH4～9的条件下稳定。对光不稳定。哒螨灵为高效、广谱性杀螨剂，对害螨具有触杀作用，速效性好，持效期长，对成螨和幼、若螨及卵均有效，但对越冬卵无效。在不同温度下，药效稳定，持效期达40～50天。

【毒　性】 对高等动物低毒，对皮肤和眼睛无刺激，对鱼类毒性较高，对植物安全。

【常用剂型】 15%、20%可湿性粉剂，20%可溶性粉剂，15%

乳油。

**【防治对象和使用方法】** 广泛用于防治果树、蔬菜和粮棉等作物上的多种害螨，并对蚜虫、叶蝉和介壳虫有一定的兼治作用。

防治苹果全爪螨和山楂叶螨，在苹果全爪螨越冬卵全部孵化后和山楂叶螨第一代卵孵化盛期，往树冠上喷布15%乳油2 000～3 000倍液，持效期可达50天。还可用于防治桃、山楂、板栗和枣等果树上的害螨。

防治柑橘害螨，在春、秋季平均每叶有红蜘蛛2头时喷药；防治黄蜘蛛，在春梢嫩芽长至1厘米左右，平均每叶有害螨1头时喷药；防治锈螨，在6～10月份用10倍手持放大镜观察叶或果，当每个视野平均有害螨2～3头时，用15%乳油1 000～1 500倍液喷雾。

防治荔枝瘿螨，在春、秋梢萌发期、花穗期和幼果期，分别用15%乳油1 000～1 500倍液喷雾。

**【注意事项】** ①不能与波尔多液混用。②药剂对鱼、蜜蜂和家蚕有毒，应避免污染水源。花期避免用药，蚕区慎用。③喷药应细致周到，使叶片正、反面均匀着药。④误服后，可大量饮水；误入眼睛或溅到皮肤上，用水清洗干净。⑤在柑橘上的安全间隔期为3天，苹果上为21天。每年最多使用2次。

**【与哒螨灵复配的农药】** 如表22所示。

**表22　与哒螨灵复配的农药**

| 登记名称 | 含量及剂型 | 登记作物 | 防治对象 | 用药量 | 施用方法 |
| --- | --- | --- | --- | --- | --- |
| 阿维·哒螨灵 | 3.2%、4%、5%、8%、10%、10.5%、10.8%乳油 | 柑橘树、苹果树 | 红蜘蛛 | 25～105毫克/千克 | 喷雾 |
| 阿维·哒螨灵 | 5.6%微乳剂，10.5%、19.8%可湿性粉剂 | 柑橘树、苹果树 | 红蜘蛛 | 28～105毫克/千克 | 喷雾 |

续表 22

| 登记名称 | 含量及剂型 | 登记作物 | 防治对象 | 用药量 | 施用方法 |
|---|---|---|---|---|---|
| 四螨·哒螨灵 | 10%悬浮剂，5%、12%、15%可湿性粉剂 | 柑橘树、苹果树 | 红蜘蛛 | 40～120 毫克/千克 | 喷雾 |
| 柴油·哒螨灵 | 40%、41%、80%乳油 | 柑橘树 | 红蜘蛛 | 200～400 毫克/千克 | 喷雾 |
| 哒螨·三唑锡 | 16%可湿性粉剂 | 柑橘树 | 红蜘蛛 | 16.7～160 毫克/千克 | 喷雾 |
| 苯丁·哒螨灵 | 25%可湿性粉剂，10%、15%乳油 | 柑橘树 | 红蜘蛛 | 166.7～250,50～66.7,75～100 毫克/千克 | 喷雾 |
| 哒灵·炔螨特 | 40%水乳剂，30%、33%乳油 | 柑橘树 | 红蜘蛛 | 200～266.7,200～300 毫克/千克 | 喷雾 |
| 噻螨·哒螨灵 | 12.5%、20%乳油 | 柑橘树、苹果树 | 红蜘蛛 | 62.5～125,100～133.3 毫克/千克 | 喷雾 |
| 丁醚·哒螨灵 | 40%、50%悬浮剂 | 柑橘树 | 红蜘蛛 | 166.7～2550 毫克/千克 | 喷雾 |
| 甲氰·哒螨灵 | 10%、10.5%、15%乳油 | 柑橘树 | 红蜘蛛 | 67～105 毫克/千克 | 喷雾 |
| 哒螨·吡虫啉 | 17.5%可湿性粉剂,6%乳油 | 柑橘树、苹果树 | 红蜘蛛、蚜虫 | 87.5～116,30～60 毫克/千克 | 喷雾 |
| 螨醇·哒螨灵 | 10%、15%、20%乳油 | 柑橘树、苹果树 | 红蜘蛛 | 100～150 毫克/千克 | 喷雾 |
| 哒螨·辛硫磷 | 24%、25%、29%乳油 | 柑橘树 | 红蜘蛛 | 160～240 毫克/千克 | 喷雾 |
| 乐果·哒螨灵 | 30%乳油 | 柑橘树 | 红蜘蛛 | 250～375 毫克/千克 | 喷雾 |
| 噻嗪·哒螨灵 | 20%乳油 | 柑橘树 | 红蜘蛛、矢尖蚧 | 800～1000 倍液 | 喷雾 |
| 哒螨·氧乐果 | 20%、30%乳油 | 柑橘树 | 红蜘蛛 | 100～200,150～200 毫克/千克 | 喷雾 |
| 丁硫·哒螨灵 | 10%乳油 | 柑橘树 | 红蜘蛛 | 67～100 毫克/千克 | 喷雾 |

续表 22

| 登记名称 | 含量及剂型 | 登记作物 | 防治对象 | 用药量 | 施用方法 |
| --- | --- | --- | --- | --- | --- |
| 柴油·哒螨灵 | 34%、40%乳油 | 苹果树 | 红蜘蛛 | 170～266.7 毫克/千克 | 喷雾 |
| 哒螨·灭多威 | 15%乳油 | 苹果树 | 红蜘蛛、黄蚜 | 75～100 毫克/千克 | 喷雾 |
| 哒螨·辛硫磷 | 29%乳油 | 苹果树 | 红蜘蛛 | 145～193 毫克/千克 | 喷雾 |
| 哒螨·灭幼脲 | 30%可湿性粉剂 | 苹果树 | 金纹细蛾、山楂红蜘蛛 | 150～200 毫克/千克 | 喷雾 |

## 丁醚脲

**【理化性质及特点】** 纯品为无色晶体,对光稳定,在异丙醇中易分解。

**【毒　性】** 对人、畜低毒,对皮肤和眼睛无刺激。对鸟类低毒,对鱼高毒,对蜜蜂有毒。

**【常用剂型】** 50%可湿性粉剂,50%悬浮剂,25%乳油。

**【防治对象和使用方法】** 丁醚脲属硫脲类杀虫、杀螨剂,可用于防治果树上的各种植食性螨类、粉虱、蚜虫、叶蝉、潜叶蛾和介壳虫等。

防治苹果树上的红蜘蛛,用50%可湿性粉剂1 000～2 000倍液喷雾。

防治柑橘树上的害螨,在日平均气温达25℃以上时,用50%悬浮剂2 000倍液喷雾,在气温低于25℃时用1 000倍液喷雾。

**【注意事项】** ①该药剂在紫外光下转变为具有杀虫活性的物质,因此在晴天使用为宜。②对鱼和蜜蜂毒性大,应慎用。③若用于防治抗性害虫,建议抗性降低后使用常规农药。

**【与丁醚脲复配的农药】** 如表23所示。

表23　与丁醚脲复配的农药

| 登记名称 | 含量及剂型 | 登记作物 | 防治对象 | 用药量 | 施用方法 |
| --- | --- | --- | --- | --- | --- |
| 丁醚·哒螨灵 | 40%、50%悬浮剂 | 柑橘树 | 红蜘蛛 | 200～266.7、166.7～250毫克/千克 | 喷雾 |
| 阿维·丁醚脲 | 15.6%悬浮剂,15.6%乳油 | 柑橘树、苹果树 | 红蜘蛛 | 104～156、52～78毫克/千克 | 喷雾 |
| 甲氰·丁醚脲 | 25%微乳剂 | 苹果树 | 红蜘蛛 | 83.3～125毫克/千克 | 喷雾 |

## 炔螨特

**【理化性质及特点】** 原药为深黑色黏性液体,在水中溶解度低,易溶于丙酮、乙醇和苯等多种有机溶剂。易燃。炔螨特杀螨谱广,对害螨具有触杀和胃毒作用,无内吸传导作用。对成螨和幼、若螨有效,对卵效果差。该药剂为感温性杀螨剂,杀螨效果随温度升高而提高。

**【毒　性】** 对高等动物低毒,对眼睛和皮肤有强烈的刺激作用。对鱼类高毒,对蜜蜂低毒。在苹果上的最高残留限量为5毫克/千克,在柑橘(全果)上的残留限量为3毫克/千克。

**【常用剂型】** 25%、40%、57%、73%乳油。

**【防治对象和使用方法】** 可用于防治果树、蔬菜、棉花和茶树等多种作物上的害螨。

防治落叶果树上的苹果全爪螨和山楂叶螨,于苹果全爪螨越冬卵孵化后和山楂叶螨越冬代雌成螨出蛰为害时,往树上喷布73%乳油2 000～2 500倍液,有效控制期达40～50天。夏季活动态螨和螨卵混合发生时,可与具有杀卵作用的药剂混用,防治效果良好。

防治柑橘红蜘蛛，在柑橘落花以后害螨发生期，用73%乳油2 000～3 000倍液喷雾。

**【注意事项】** ①不能与碱性和强酸性物质混用，以免分解失效。②施药时要避免污染鱼塘和河流等。③在高温、高湿和高浓度情况下，对某些作物（如瓜类、豆类和棉花等）的幼苗和新梢易产生药害；柑橘嫩梢对药剂敏感，在某些品种的果实上会产生"花果"现象，使用时应慎重。④春季气温低于20℃时使用防效较差，建议在果树落花后使用。⑤在苹果和柑橘上每年最多使用3次，安全间隔期为30天。

**【与炔螨特复配的农药】** 如表24所示。

**表24 与炔螨特复配的农药**

| 登记名称 | 含量及剂型 | 登记作物 | 防治对象 | 用药量 | 施用方法 |
|---|---|---|---|---|---|
| 哒灵·炔螨特 | 30%、35%、40%、56%乳油，40%水乳剂 | 柑橘树 | 红蜘蛛 | 133.3～280，200～266.7毫克/千克 | 喷雾 |
| 阿维·炔螨特 | 30.3%、40%水乳剂 | 柑橘树 | 红蜘蛛 | 202～303，200～266.7毫克/千克 | 喷雾 |
| 阿维·炔螨特 | 56%微乳剂，40%乳油 | 柑橘树、苹果树 | 红蜘蛛 | 140～280毫克/千克 | 喷雾 |
| 机油·炔螨特 | 73%乳油 | 柑橘树、苹果树 | 红蜘蛛 | 243～365毫克/千克 | 喷雾 |
| 苯丁·炔螨特 | 38%乳油 | 柑橘树 | 红蜘蛛 | 190～253.3毫克/千克 | 喷雾 |
| 柴油·炔螨特 | 73%乳油 | 柑橘树 | 红蜘蛛 | 365～486.7毫克/千克 | 喷雾 |
| 联苯·炔螨特 | 27%乳油 | 柑橘树 | 红蜘蛛 | 270～337.5毫克/千克 | 喷雾 |
| 唑酯·炔螨特 | 13%乳油、水乳剂 | 柑橘树 | 红蜘蛛 | 86.7～130毫克/千克 | 喷雾 |

续表 24

| 登记名称 | 含量及剂型 | 登记作物 | 防治对象 | 用药量 | 施用方法 |
|---|---|---|---|---|---|
| 氟脲·炔螨特 | 20%微乳剂 | 柑橘树 | 红蜘蛛 | 133.3～200 毫克/千克 | 喷雾 |
| 甲氰·炔螨特 | 20%、30%乳油 | 柑橘树 | 红蜘蛛 | 200～250,150～300 毫克/千克 | 喷雾 |
| 四嗪·炔螨特 | 20%可湿性粉剂 | 柑橘树 | 红蜘蛛 | 100～200 毫克/千克 | 喷雾 |
| 噻酮·炔螨特 | 22%乳油 | 苹果树 | 二斑叶螨 | 137.5～275 毫克/千克 | 喷雾 |

## 噻螨酮

【理化性质及特点】 纯品为无色无味结晶，微溶于水，溶于氯仿、二甲苯和丙酮等有机溶剂。对热较稳定，在酸性和碱性介质中易水解。噻螨酮为非感温性广谱长效杀螨剂，药效迟缓，对害螨的冬卵、夏卵和幼、若螨活性高，对成螨无直接杀伤作用，但雌成螨受药后，产卵量减少，卵孵化率降低。常用浓度下对作物安全。在我国最初登记商品名称为尼索朗。

【毒　性】 属低毒杀螨剂，对鱼类中等毒性，对蜜蜂和天敌安全。

【常用剂型】 5%、10%乳油，50%可湿性粉剂。

【防治对象和使用方法】 主要用于防治各种果树的害螨。

防治苹果全爪螨，在苹果开花前和落花后 1 周，分别用 5%乳油 2 000～2 500 倍液喷雾，有效控制期达 2 个月。

防治山楂叶螨和二斑叶螨，在苹果落花后第一代卵孵化盛期和幼、若螨发生初期喷药；若苹果全爪螨和山楂叶螨与二斑叶螨混合发生，可在苹果落花后 1 周喷药。药剂使用浓度均为 5%乳油 2 000～2 500 倍液。

防治柑橘红蜘蛛，在早春平均每叶有螨 2 头时，用 5%乳油 1 500～2 000 倍液喷雾。

**【注意事项】** ①该药剂可与包括波尔多液、石硫合剂在内的大多数农药现混现用。②该药剂对成螨无直接杀伤作用，施药适期应比一般杀螨剂提前 5～7 天。夏季使用，在成螨和幼、若螨及卵混合发生时，可与杀成螨有效的药剂混合使用。③为延缓害螨产生抗药性，1 年只用 1 次为宜。④该药剂对锈螨无效，不能用于防治锈螨。⑤ 不慎中毒，要大量饮水、催吐，并送医院对症救治。⑥果实采收前 7 天停止使用该农药。

**【与噻螨酮复配的农药】** 如表 25 所示。

**表 25　与噻螨酮复配的农药**

| 登记名称 | 含量及剂型 | 登记作物 | 防治对象 | 用药量 | 施用方法 |
|---|---|---|---|---|---|
| 甲氰・噻螨酮 | 7.5%、12.5%乳油 | 柑橘树、苹果树 | 红蜘蛛 | 50～100 毫克/千克 | 喷雾 |
| 阿维・噻螨酮 | 3%、6%微乳剂，3%、10%乳油 | 柑橘树 | 红蜘蛛 | 15～40 毫克/千克 | 喷雾 |
| 噻螨・哒螨灵 | 12.5%、20%乳油 | 柑橘树、苹果树 | 红蜘蛛 | 62.5～125，100～133.3 毫克/千克 | 喷雾 |
| 螨醇・噻螨酮 | 22.5%乳油 | 柑橘树 | 红蜘蛛 | 150～225 毫克/千克 | 喷雾 |
| 噻酮・炔螨特 | 22%乳油 | 苹果树 | 二斑叶螨 | 137.5～275 毫克/千克 | 喷雾 |

## 三 唑 锡

**【理化性质及特点】** 纯品为无色结晶，微溶于水，可溶于氯仿、丙酮和乙醚，易溶于己烷，在稀酸和碱性条件下不稳定，对光和雨水有较好的稳定性。三唑锡为广谱性杀螨剂，具有很强的触杀作用，无内吸传导作用，对成螨、幼若螨和夏卵有很强的杀灭作用，残效期可达 20 天以上，但对冬卵无效。

**【毒　性】** 三唑锡属中等毒性杀螨剂，对眼睛和皮肤有刺激作用。对鱼高毒，对蜜蜂低毒。在苹果和柑橘上的最高残留限量均为 2 毫克/千克。

**【常用剂型】** 20%、25%可湿性粉剂，20%悬浮剂。

**【防治对象和使用方法】** 可广泛用于防治果树、蔬菜、棉花和花卉等作物上的害螨。

防治落叶果树上的苹果全爪螨、山楂叶螨、二斑叶螨、李实叶螨、苜蓿红蜘蛛，在活动态螨数量较多时，用 25%可湿性粉剂 1 000～1 500 倍液均匀喷雾。对苹果树上的苹果全爪螨、山楂叶螨和二斑叶螨施药的最佳时期，为苹果开花前和落花后，这两个时期是全年防治害螨的有利时期。

防治柑橘红蜘蛛，最好在花后施药，用 25%可湿性粉剂 1 000～1 500 倍液喷雾。

防治柑橘锈螨，在夏初柑橘开始旺盛生长期，用 10 倍放大镜观察叶或幼果，当每个视野平均有害螨 2～3 头时，用 25%可湿性粉剂 1 000～1 500 倍液喷雾。

防治葡萄害螨，于害螨发生始盛期，用 25%可湿性粉剂 1 000～ 1 500 倍液喷雾。

**【注意事项】** ①不能与碱性物质混用，使用三唑锡后，10 天内不能喷布波尔多液。使用波尔多液后，20 天内不能喷布三唑锡，否则会降低药效。② 药剂无内吸作用，喷药时应细致周到。③施药时避免污染鱼塘和河流。④出现中毒症状，应立即将患者置于空气流通处，同时服用大量医用活性炭。⑤在苹果上每年最多使用 3 次，柑橘上 2 次。安全间隔期，苹果为 21 天，柑橘为 30 天。

**【与三唑锡复配的农药】** 如表 26 所示。

表 26 与三唑锡复配的农药

| 登记名称 | 含量及剂型 | 登记作物 | 防治对象 | 用药量 | 施用方法 |
| --- | --- | --- | --- | --- | --- |
| 阿维·三唑锡 | 5.5%、10%乳油，11%、20%悬浮剂 | 柑橘树、苹果树 | 红蜘蛛 | 22～100 毫克/千克 | 喷雾 |
| 阿维·三唑锡 | 12.15%、16.8%、20%可湿性粉剂 | 柑橘树、苹果树 | 红蜘蛛、二斑叶螨 | 60.75 ～ 133.3 毫克/千克 | 喷雾 |
| 哒螨·三唑锡 | 16%可湿性粉剂 | 柑橘树 | 红蜘蛛 | 16.7 ～ 160 毫克/千克 | 喷雾 |
| 甲氰·三唑锡 | 25%悬浮剂 | 柑橘树 | 红蜘蛛 | 83.3 ～ 125 毫克/千克 | 喷雾 |
| 四螨·三唑锡 | 10%、25%可湿性粉剂，10%、20%悬浮剂 | 柑橘树 | 红蜘蛛 | 67～125 毫克/千克 | 喷雾 |
| 吡虫·三唑锡 | 20%可湿性粉剂 | 柑橘树、苹果树 | 红蜘蛛、蚜虫 | 100～200 毫克/千克 | 喷雾 |

## 双甲脒

**【理化性质及特点】** 纯品为白色针状结晶。工业原药为白色至黄色固体，微溶于水，可溶于丙酮、二甲苯和甲醇等有机溶剂。不易燃，不易爆，在酸性介质中不稳定。在潮湿状态下贮存会慢慢分解。双甲脒为广谱性杀螨剂，对螨类主要是触杀作用，也有一定的熏蒸和胃毒作用，对越冬卵防治效果较差。可有效防治对其他杀螨剂产生抗药性的害螨。

**【毒　性】** 双甲脒属低毒杀螨剂，对鱼类中等毒性，对蜜蜂、鸟及天敌昆虫低毒。在苹果和柑橘上的最高残留限量均为 0.5 毫克/千克。

**【常用剂型】** 20%乳油,25%、50%可湿性粉剂。

**【防治对象和使用方法】** 可用于防治果树、蔬菜、棉花、大豆、玉米、花生和花卉等作物上的害螨,对梨木虱、蚜虫和介壳虫等也有一定的效果。

防治落叶果树上的害螨,在苹果全爪螨和山楂叶螨的第一代幼螨、若螨和卵发生期,用20%乳油1 000～2 000倍液喷雾,防治效果很好,有效控制期可达40天。

防治梨木虱,在梨木虱第一、第二代若虫发生期,用20%乳油1 200～1 500倍液喷雾。双甲脒对若虫毒杀力强,对卵和成螨效果差,故在夏季梨木虱各虫态混合发生时,防治效果不如第一、第二代若虫期好。

防治柑橘红蜘蛛,在春、秋季害螨发生期,当平均每叶有螨2头时喷药;防治柑橘锈螨,在6～10月份锈螨发生期,用10倍放大镜观察叶片或果实,当每个视野平均有螨2～3头时,用20%乳油1 000～1 500倍液喷雾。

防治荔枝瘿螨,在春梢、秋梢萌发期、花穗期和幼果期,分别用20%乳油1 000～1 500倍液喷雾。

**【注意事项】** ①在苹果或梨树上不能与波尔多液混合喷雾,以免产生药害。②在高温、高湿天气时,对金矮生苹果有药害。在气温低于25℃时使用,药效作用缓慢,效果较差。③施药时不慎将药液接触皮肤或误入眼睛,应立即用清水冲洗。误食应洗胃治疗。④在苹果上每年最多使用3次,安全间隔期为20天。在柑橘上春梢使用3次,夏梢使用2次,安全间隔期为21天。

**【与双甲脒复配的农药】** 如表27所示。

表 27 与双甲脒复配的农药

| 登记名称 | 含量及剂型 | 登记作物 | 防治对象 | 用药量 | 施用方法 |
| --- | --- | --- | --- | --- | --- |
| 双甲·高氯氟 | 12%乳油 | 柑橘树 | 红蜘蛛 | 60～80 毫克/千克 | 喷雾 |
| 阿维·双甲脒 | 10.8%乳油 | 梨树 | 梨木虱 | 27～36 毫克/千克 | 喷雾 |

## 四螨嗪

**【理化性质及特点】** 纯品为品红色结晶，难溶于水，在极性和非极性溶剂中溶解度极小，对光、热和空气稳定。可燃性低，在碱性条件下易水解。四螨嗪对害螨冬卵和夏卵均有较高的活性，对幼螨、若螨也有一定的防治效果；对成螨无效，但雌成螨受药后，所产的卵孵化率低。该药剂药效迟缓，残效期长，一般用药后 7 天开始见效，残效期可达 50～60 天。

**【毒　性】** 对高等动物以及鸟类、鱼类、蜜蜂低毒，对兔皮肤有轻微的刺激作用，对捕食螨、瓢虫和寄生蜂等天敌较安全。在苹果上的最高残留限量为 0.5 毫克/千克。

**【常用剂型】** 20%可湿性粉剂，20%、50%悬浮剂。

**【防治对象和使用方法】** 用于防治多种果树上的叶螨和瘿螨，对跗线螨也有一定的防治效果。

防治苹果全爪螨，在苹果开花前越冬卵孵化初期和落花后第一代卵孵化盛期，用 20%悬浮剂 2 000～2 500 倍液喷雾。

防治山楂叶螨和二斑叶螨，在苹果落花后 3～4 天，越冬雌成螨产卵盛期至卵孵化初期，用 20%悬浮剂 2 000～2 500 倍液喷雾。在苹果全爪螨和山楂叶螨混合发生的果园，在苹果落花后 1 周喷药，可防治 2 种害螨。

防治柑橘害螨，在春梢抽发期，害螨越冬卵孵化初期喷药；防治锈螨，在 6～7 月份害螨发生初期，用 20%悬浮剂 1 500～2 000

倍液喷雾。

**【注意事项】** ①不能与波尔多液、石硫合剂等碱性农药混用，以免分解失效。②在夏季成螨、幼螨、若螨和卵混合发生且数量较大时，应与对成螨有速效作用的杀螨剂混用，以保证防治效果。因药剂无内吸作用，喷药时应细致周到。1年只用1次为宜，以延缓抗药性的产生。③ 该药剂与噻螨酮有交互抗性，不宜与之混用或交替施用。④如果药液溅到皮肤上或眼睛内，要用肥皂水或清水冲洗。施药后要洗手和身体裸露的皮肤。⑤贮存过程中可能有沉淀现象，使用时摇匀后加水稀释不影响药效。⑥在苹果上每年最多使用2次，安全间隔期为30天。

**【与四螨嗪复配的农药】** 如表28所示。

**表28 与四螨嗪复配的农药**

| 登记名称 | 含量及剂型 | 登记作物 | 防治对象 | 用药量 | 施用方法 |
| --- | --- | --- | --- | --- | --- |
| 四螨·哒螨灵 | 10%悬浮剂 | 柑橘树、苹果树 | 红蜘蛛 | 1500～2000倍液 | 喷雾 |
| 四螨·哒螨灵 | 5%、12%、15%、16%可湿性粉剂 | 柑橘树、苹果树 | 红蜘蛛 | 60～120毫克/千克 | 喷雾 |
| 阿维·四螨嗪 | 5.1%可湿性粉剂，21%水分散粒剂 | 柑橘树、苹果树 | 红蜘蛛 | 51～68、105～124毫克/千克 | 喷雾 |
| 阿维·四螨嗪 | 20.8%、10%悬浮剂 | 柑橘树、苹果树 | 红蜘蛛、二斑叶螨 | 83.2～138.7毫克/千克，1500～2000倍液 | 喷雾 |
| 四螨·三唑锡 | 10%、20%悬浮剂 | 柑橘树 | 红蜘蛛 | 67～100，50～66.7毫克/千克 | 喷雾 |
| 四螨·苯丁锡 | 17.5%可湿性粉剂，45%悬浮剂 | 柑橘树 | 红蜘蛛 | 116.7～175、180～225毫克/千克 | 喷雾 |
| 四螨·丁醚脲 | 500克/升悬浮剂 | 柑橘树 | 红蜘蛛 | 166.7～250毫克/千克 | 喷雾 |
| 四嗪·炔螨特 | 20%可湿性粉剂 | 柑橘树 | 红蜘蛛 | 100～200毫克/千克 | 喷雾 |

## 溴螨酯

**【理化性质及特点】** 原药为无色结晶,难溶于水,易溶于丙酮、苯、二甲苯和甲醇等有机溶剂。在中性和弱酸性介质中较稳定,在碱性和强酸性介质中不稳定。溴螨酯为非感温性杀螨剂,对螨类具有较强的触杀作用,对成螨、若螨和螨卵均有杀伤作用,杀螨谱广,残效期长。可用于防治对有机磷杀螨剂产生抗药性的害螨。

**【毒　性】** 溴螨酯属低毒杀螨剂,对皮肤有轻微刺激作用,对鱼类高毒,对鸟及蜜蜂低毒。在苹果上的最高残留限量为5毫克/千克,在柑橘果肉中的最高残留限量为0.25毫克/千克,全果为5毫克/千克。

**【常用剂型】** 50%乳油。

**【防治对象和使用方法】** 广泛用于防治果树、蔬菜、花卉、茶树、棉花和大豆等作物上的各种叶螨、瘿螨和锈螨等。

防治落叶果树上的害螨,防治苹果全爪螨,在越冬卵和第一代卵孵化盛期和末期喷药。防治二斑叶螨和山楂叶螨,可在苹果落花后1周第一代卵孵化末期喷药。使用浓度为50%乳油1 000～1 500倍液,有效控制期达1个月以上。夏季使用,按照害螨的防治指标喷药。

防治柑橘害螨,在春、秋季害螨发生期,当每叶平均有害螨2头时喷药;防治柑橘锈螨,在6～10月份锈螨发生期,用10倍放大镜观察叶片或果实,当每个视野平均有螨2～3头时,用50%乳油1 000～2 000倍液喷雾。

防治荔枝瘿螨,在春梢、秋梢萌发期、花穗期和幼果期,分别用50%乳油1 000～2 000倍液喷雾。

**【注意事项】** ①不能与强酸、强碱性物质混用,以免分解失效。②使用时避免污染河流和鱼塘。③在苹果上每年最多使用2

次，其安全间隔期为 21 天；柑橘上为 3 次，安全间隔期为 14 天。④无专用解毒剂，中毒时应送医院对症治疗。

## 唑螨酯

**【理化性质及特点】** 纯品为白色结晶，几乎不溶于水。唑螨酯为高效肟类杀螨剂，以触杀作用为主，速效性好，持效期长，对幼螨活性最高，依次为若螨、成螨及卵。高剂量时可直接杀死害螨，低剂量可抑制幼螨、若螨蜕皮或成螨产卵。在我国最初登记商品名称为霸螨灵。

**【毒　性】** 唑螨酯属中等毒性杀螨剂，对眼睛和皮肤有刺激作用，对鱼、虾、贝类高毒，对家蚕有拒食作用。在苹果上的最高残留限量为 1 毫克/千克，柑橘全果上为 2 毫克/千克。

**【常用剂型】** 5%悬浮剂，5%乳油。

**【防治对象和使用方法】** 用于防治果树、花卉、棉花、茶树和蔬菜等作物上的叶螨、瘿螨和跗线螨等多种害螨。

防治苹果全爪螨和山楂叶螨，在苹果开花前后，用 5%悬浮剂 1 000～1 500 倍液均匀喷雾。在夏季，当平均每叶有活动态螨 3～4 头时，用同样浓度喷雾防治。

防治梨、桃、葡萄和樱桃等果树上的叶螨，在害螨发生期，用 5%悬浮剂 1 000～1 500 倍液均匀喷雾。

防治柑橘害螨，在春、秋季平均每叶有红蜘蛛 2～3 头时喷药；防治柑橘锈螨，在初夏用 10 倍放大镜观察叶片或果实，当每个视野有害螨 2～3 头时，用 5%悬浮剂 1 000～2 000 倍液喷雾。

**【注意事项】** ① 稀释前先将药剂摇晃均匀，然后加水稀释。喷洒时要均匀周到。② 气温在 20℃以下时药效较慢，有时甚至效果较差。③ 可与波尔多液现混现用，但不能与石硫合剂混用，以免产生凝结，影响药效。与其他药剂混合使用时应先进行药效试验。④本剂对鱼类等水生生物有毒，使用时不得污染水源。在养蚕地区使用，应避免药液污染桑叶。⑤在苹果和柑橘上每年最多使用 2 次，安全间隔期为 15 天。

与唑螨酯复配的农药，有唑酯·炔螨特 13%乳油和 13%水乳剂，用于喷雾防治柑橘红蜘蛛和苹果树上的二斑叶螨，用药剂量为 86.7～130 毫克/千克。

# 第五章　杀菌剂

## 百菌清

**【理化性质及特点】** 纯品为白色结晶。工业品略有刺激性气味，不溶于水。对紫外线、热和酸、碱水溶液较稳定。百菌清为非内吸性广谱杀菌剂，在植物表面有良好的黏着性，耐雨水冲刷，主要是起保护作用，对部分病害有治疗作用。

**【毒　性】** 对人、畜低毒，对兔眼结膜和角膜有严重刺激作用，对人眼不敏感，对部分人的皮肤有刺激作用，对鱼类毒性大，对蜜蜂、鸟和禽类低毒，在土壤中的半衰期为 6 天。

**【常用剂型】** 50％、75％可湿性粉剂，40％悬浮剂，30％、45％烟剂，10％乳油。

**【防治对象和使用方法】** 可用于防治果树上的多种真菌性病害，在常规用量下，持效期为 7～10 天。

防治葡萄炭疽病，从田间出现病粒时开始喷药，以后每隔10～15 天喷 1 次，连续 3～5 次；防治葡萄黑痘病，在展叶至果实着色前喷药，以开花前及落花 70％～80％时为喷药适期，喷药间隔期为 10～15 天；防治白腐病，在发病初期喷第一次药，以后每隔10～15 天喷 1 次，共喷 3～5 次；防治葡萄白粉病和黑腐病等，从发病初期或开花后半月开始喷药，7～10 天喷 1 次。使用浓度为 75％可湿性粉剂 600～700 倍液。

防治桃褐腐病和疮痂病，从谢花后半个月开始喷第一次药，以后视病情的发展每 10～15 天喷药 1 次；防治桃穿孔病和缩叶病，在落花后喷药，14 天后再喷 1 次。使用浓度为 75％可湿性粉剂 600～650 倍液。

防治苹果炭疽病，从果实膨大期开始喷药，每隔15天左右喷药1次，与多菌灵、代森锰锌和乙膦铝锰锌、波尔多液等药剂交替使用，可有效兼治轮纹病、斑点落叶病和褐斑病等病害；防治苹果白粉病在展叶至落花后喷药2～3次。使用浓度为75%可湿性粉剂600倍液。

防治柑橘疮痂病重在保护嫩叶和幼果，可在春梢萌动至芽长至2毫米时和谢花2/3时喷药；防治沙皮病则从谢花期开始，即嫩梢和幼果期，每隔10～15天喷药1次，连喷2～3次，均用75%可湿性粉剂500～800倍液喷雾。每年最多使用3次。

防治香蕉黑星病、炭疽病、杧果炭疽病、疮痂病和细菌性黑斑病等病害，用75%可湿性粉剂500～600倍液，在各次嫩梢期、果实生长后期各喷雾1次。

**【注意事项】** ①不能与石硫合剂、波尔多液等碱性农药以及杀螟硫磷等杀虫剂混用。②高浓度药液对梨、柿、桃、梅和苹果等果树的某些品种有药害。油剂对上述果树的幼果有药害。苹果幼果期施药易引起果锈，应慎用。③药剂对鱼类有毒，用药须远离鱼塘和湖泊。剩余药液不准倒入鱼塘和水域。烟剂对家蚕、蜜蜂、柞蚕有毒害作用，施药时应注意防护。用后的包装物也应妥善处理。④药剂对皮肤和眼睛有刺激作用，可引起轻度接触性皮炎，施药时应注意防护。⑤该药剂应贮存在阴凉、干燥、通风处，防潮、防晒。严禁与食物、种子、饲料混放。

**【与百菌清复配的农药】** 如表29所示。

**表29　与百菌清复配的农药**

| 登记名称 | 含量及剂型 | 登记作物 | 防治对象 | 用药量 | 施用方法 |
|---|---|---|---|---|---|
| 精甲·百菌清 | 440克/升悬浮剂 | 荔枝树 | 霜疫霉病 | 550～880毫克/千克 | 喷雾 |

续表 29

| 登记名称 | 含量及剂型 | 登记作物 | 防治对象 | 用药量 | 施用方法 |
|---|---|---|---|---|---|
| 嘧菌·百菌清 | 560 克/升悬浮剂 | 荔枝树 | 霜疫霉病 | 560～1120 毫克/千克 | 喷雾 |
| 百·福 | 70%可湿性粉剂 | 葡萄树 | 霜霉病 | 875～1167 毫克/千克 | 喷雾 |
| 百·多·福 | 75%可湿性粉剂 | 苹果树 | 轮纹病 | 600～800 倍液 | 喷雾 |

## 苯菌灵

**【理化性质及特点】** 纯品为无色结晶固体。有轻微辣味，不溶于水，可溶于氯仿和丙酮等有机溶剂。室温下不易挥发。苯菌灵为广谱性高效杀菌剂，具有很强的内吸性，有保护、治疗和铲除作用。

**【毒　性】** 对人、畜低毒，对皮肤有轻微刺激性，但不引起炎症，对眼睛无刺激。对鸟类低毒。在苹果、梨、柚上的最高残留限量为 2 毫克/千克。

**【常用剂型】** 50%可湿性粉剂。

**【防治对象及使用方法】** 苯菌灵对由子囊菌和半知菌等真菌引起的果树病害有很好的防治效果。也可用于拌种和土壤处理。

防治苹果黑星病，在田间发现第一片病叶时开始喷药；防治苹果轮纹病，从苹果落花后半个月左右开始喷药。使用浓度为 50%可湿性粉剂 1 000～1 500 倍液，可兼治苹果炭疽病和其他病害。

防治梨黑星病，在梨落花后，从田间发现病芽梢时开始喷药。在果实生长期，与其他杀菌剂轮换使用。使用浓度与苹果相同。

防治柑橘贮藏病害，在果实采收前用 50%可湿性粉剂3 000～4 000 倍液喷布果实，或在采收后用 1 500～2 000 倍液浸果。此浓度同样适用于香蕉贮藏期病害的防治。

防治柑橘疮痂病，在发病初期，用50%可湿性粉剂500～700倍液喷雾。

防治杏褐腐病，在果实近成熟期，用50%可湿性粉剂1 500倍液喷雾。

防治葡萄白粉病和褐斑病，在病害发生初期或发病前，用50%可湿性粉剂2 000～3 000倍液喷雾。

**【注意事项】** ①病菌对药剂易产生抗药性，并与甲基硫菌灵和多菌灵有交互抗性，应与其他作用机制不同的杀菌剂轮换使用。②不能与波尔多液和石灰硫黄合剂等碱性农药混用。③在柑橘、梨、苹果上的安全间隔期为7天，葡萄上为21天。④应严格遵守农药使用操作规程。施药过程中注意防护。

## 苯醚甲环唑

**【理化性质及特点】** 纯品为无色固体，制剂外观为米黄色至棕色细粒。该药剂属三唑类杀菌剂，具有内吸性，是甾醇脱甲基抑制剂，杀菌谱广，能防治多种真菌性病害。

**【毒　性】** 对人、畜低毒，对兔皮肤和眼睛有刺激作用，对豚鼠无皮肤过敏，对蜜蜂无毒。

**【常用剂型】** 10%、37%水分散粒剂，250克/升乳油，10%微乳剂，5%、20%水乳剂。

**【防治对象和使用方法】** 可用于防治苹果、梨树、葡萄、柑橘和香蕉上的多种病害。

防治苹果斑点落叶病，一般在春梢生长期。用250克/升乳油2 500～4 500倍液喷雾。

防治梨黑星病，在发病初期，用10%水分散粒剂6 000～7 000倍液喷雾。

防治葡萄炭疽病，在发病初期用10%水分散粒剂800～1 300

倍液喷雾。

防治柑橘疮痂病，在发病初期，用10%水分散粒剂1 000～2 000倍液喷雾。

防治香蕉叶斑病和黑星病，在发病初期，用25%乳油2 000～3 000倍液喷雾。

**【注意事项】** ①不能与铜制剂混用，否则会降低药效。②勿使药物溅入眼睛或沾染皮肤。施药后应及时洗手及清洗裸露的皮肤，中毒时应立即携标签就医。③药剂对水生生物有毒，切忌污染鱼塘及水源。空容器要集中销毁。④经药剂处理的种子必须放置于有明显标签的容器内，勿与食物、饲料同放，更不得用于饲喂畜、禽和加工成食品。⑤药剂应置于阴凉干燥通风处加锁保存，勿使儿童接触。

**【与苯醚甲环唑复配的农药】** 如表30所示。

**表30　与苯醚甲环唑复配的农药**

| 登记名称 | 含量及剂型 | 登记作物 | 防治对象 | 用药量 | 施用方法 |
| --- | --- | --- | --- | --- | --- |
| 苯醚·甲硫 | 40%、45%、65%可湿性粉剂 | 苹果树、梨树 | 炭疽病、斑点落叶病、黑星病 | 444～667、562.5～750、722～1083毫克/千克 | 喷雾 |
| 苯甲·多菌灵 | 30%、32.8%可湿性粉剂 | 苹果树 | 斑点落叶病、轮纹病 | 200～300，164～216.8毫克/千克 | 喷雾 |
| 苯甲·丙环唑 | 25%、30%乳油，33%微乳剂，300克/升乳油 | 香蕉 | 黑星病、叶斑病 | 120～300毫克/千克 | 喷雾 |

## 丙环唑

**【理化性质及特点】** 原药为淡黄色黏稠状液体，微溶于水，易溶于丙酮、甲醇和异丙醇等有机溶剂,对光及在酸、碱性介质中稳定。丙环唑是一种具有保护和治疗作用的内吸性三唑类杀菌剂,可被植物的根、茎和叶吸收,能很快在植株体内向上传导,起杀菌作用。

**【毒　性】** 对人、畜低毒,对家兔眼睛和皮肤有轻度刺激,对鱼类有毒。在香蕉上的最高残留限量为 0.1 毫克/千克。

**【常用剂型】** 25%乳油。

**【防治对象及使用方法】** 主要用于防治由子囊菌、担子菌和半知菌引起的多种果树病害。

防治香蕉叶斑病和斑点病,从发病初期开始,用 25%乳油 500～1 000 倍液喷雾。隔 10～15 天再喷 1 次,连续 3～4 次。

防治葡萄白粉病和炭疽病,在病害发生前,用 25%乳油10 000倍液喷雾,间隔 14～18 天再喷 1 次。在病害发生期,可用 25%乳油 7 000 倍液喷雾,隔 30 天再喷 1 次。若用 25%乳油 5 000 倍液喷雾,可间隔 48 天再喷 1 次。

**【注意事项】** ①严格遵守农药操作规程,避免药液接触皮肤或溅入眼中。施药过程中不吃东西,不喝水。工作结束后清洗身体裸露部位。②剩余药液及清洗工具的废液,要妥善处理,防止污染水源。③药剂要贮存在干燥、通风、阴凉及儿童接触不到的地方。不与食物、饲料混放。④在香蕉上安全间隔期为 42 天,每年最多使用 2 次。

**【与丙环唑复配的农药】** 如表 31 所示。

表 31　与丙环唑复配的农药

| 登记名称 | 含量及剂型 | 登记作物 | 防治对象 | 用药量 | 施用方法 |
|---|---|---|---|---|---|
| 丙唑・多菌灵 | 25%悬浮剂 | 香蕉树 | 叶斑病 | 208.33～312.55 毫克/千克 | 喷雾 |
| 丙环・咪鲜胺 | 25%乳油 | 香蕉树 | 黑星病 | 167～250 毫克/千克 | 喷雾 |

## 丙森锌

**【理化性质及特点】** 纯品为白色或微黄色粉末。不溶于水及一般溶剂，在低温干燥情况下稳定，在强酸、强碱中易分解。制剂为米黄色粉剂，具有特殊气味。丙森锌是一种速效、广谱、保护性杀菌剂，残效期较长。

**【毒　性】** 丙森锌为低毒杀菌剂，对蜜蜂无毒。

**【常用剂型】** 70%可湿性粉剂。

**【防治对象和使用方法】** 可用于防治果树、蔬菜等作物的多种真菌性病害，在推荐剂量下使用对作物安全。

防治苹果斑点落叶病，在苹果春、秋梢生长期，病害发生前或发病初期开始喷药，在春梢停止生长后，可与波尔多液交替使用。使用浓度为70%可湿性粉剂600～700倍液，每隔7～8天喷药1次。

防治杧果炭疽病，花期雨水较多时，花后用70%可湿性粉剂500倍液喷雾，每隔10天左右喷1次，共喷4次。在果实生长期，若降雨多可在采果前1个月再喷1～2次。

防治葡萄霜霉病，在病害发生初期，用70%可湿性粉剂500～700倍液喷雾，间隔7天左右喷1次，连续喷3次。

**【注意事项】** ①该药剂为保护性杀菌剂，应在发病前或发病初期喷药。②不与铜制剂、碱性药剂混用，若已施用此类药剂，需隔1周后再使用本剂。③施药时注意防护，施药结束后应清洗手、皮肤和脸等裸露部位。④药剂要贮存在通风、干燥和儿童触及不到的地方。

**【与丙森锌复配的农药】** 如表32所示。

表32　与丙森锌复配的农药

| 登记名称 | 含量及剂型 | 登记作物 | 防治对象 | 用药量 | 施用方法 |
| --- | --- | --- | --- | --- | --- |
| 丙森·多菌灵 | 50%、53%、70%可湿性粉剂 | 苹果树 | 轮纹病、斑点落叶病 | 663～883,560～700毫克/千克 | 喷雾 |
| 戊唑·丙森锌 | 65%可湿性粉剂 | 苹果树 | 斑点落叶病 | 433～722毫克/千克 | 喷雾 |
| 丙森·异菌脲 | 80%可湿性粉剂 | 苹果树 | 斑点落叶病 | 800～1000毫克/千克 | 喷雾 |
| 丙森·缬霉威 | 66.8%可湿性粉剂 | 葡萄 | 霜霉病 | 668～954毫克/千克 | 喷雾 |

## 波尔多液

**【理化性质及特点】**　波尔多液是由硫酸铜、生石灰和水配制成的天蓝色液体。药液呈碱性，久置会沉淀和结晶。质量好的波尔多液呈天蓝色。波尔多液为广谱保护性杀菌剂，喷到作物上黏着力较强，主要通过释放铜离子而起杀菌作用。

**【毒　性】**　波尔多液属低毒杀菌剂，对蚕毒性较大。

**【常用剂型】**　石灰半量式、石灰等量式和石灰倍量式。

**【防治对象和使用方法】**　波尔多液能防治果树上的多种真菌病害，对细菌病害也有一定的防治效果，在果树上的持效期为7～15天。

防治苹果干腐病，在5～6月份，用1∶2∶200～240倍波尔多液重点喷布枝干。

防治苹果轮纹病、炭疽病和斑点落叶病，在进入雨季之前和雨季，用1∶2∶200～240倍液喷雾。与多菌灵、甲基硫菌灵、代森锰锌、乙铝·锰锌等药剂交替使用，能提高防治效果。1个生长季一般使用2～3次。可兼治苹果煤污病。

防治苹果霉心病，从花蕾期开始至落花后 10 天左右喷药保护。连续喷药 2～3 次。使用浓度为 1∶3∶240 倍液。

防治梨黑星病和锈病，从发病初期开始喷药；在梨树生长季节，与其他药剂交替使用，可有效防治梨轮纹病、黑斑病和干枯病等病害。防治梨褐斑病时，应重点在花后用药。波尔多液在梨树上的使用浓度为 1∶2∶200 倍液。还可兼治梨煤污病。

防治柑橘溃疡病，主要是夏、秋季喷药，使用浓度为 1∶2∶200 倍液。防治柑橘炭疽病，在新梢抽发后用 1∶1∶140 倍液喷雾。防治黑星病，在落花后 30～45 天开始喷药，浓度为 0.5%等量式波尔多液，15 天左右喷 1 次，连续 3～4 次。防治疮痂病，在春季新芽萌动至芽长 2 毫米前及谢花 2/3 时喷药，间隔 10～15 天喷 1 次；在秋梢发病严重的地区需喷药保护，使用浓度为 0.5%等量式波尔多液(0.5∶0.5∶100)。防治叶和幼果上的沙皮病，可于春梢萌发期，落花达 2/3 以及幼果期各喷药 1 次，浓度为 0.5%～0.8% 石灰等量式波尔多液。防治煤烟病，在发病初期喷 0.3%～0.5%石灰过量式波尔多液。防治棒孢霉斑病，喷 0.5%等量式波尔多液 2～3 次。

防治龙眼霜疫霉病和龙眼叶斑病，在开花前或谢花后，隔 15 天左右喷药 1 次，连续 2～3 次。使用浓度为 0.5∶0.5∶100 的波尔多液。

防治菠萝黑心病，从落花后开始喷施。药液浓度同龙眼病害防治。

防治枇杷炭疽病，在 5 月上旬果实采收前，用 0.5%波尔多液喷雾保护果实。第一次喷药后，隔 10～15 天再喷 1 次。0.3%～0.5%波尔多液可防治枇杷灰斑病，但只能在采果后至孕蕾前使用。

防治杧果疮痂病，在抽梢期及幼果期喷 1%石灰倍量式波尔多液；防治杧果细菌性黑斑病，在发病初期或每次暴风雨后喷 1～

2次1%波尔多液。冬季可用1%波尔多液喷雾清园。

防治荔枝藻斑病，可在早春发病初期，喷布1%等量式波尔多液1～2次。

防治苗期猝倒病、立枯病和灰霉病，在苗期用1∶1∶300～500倍液喷施。

防治葡萄黑痘病、霜霉病和炭疽病，在花前、花后各喷药1次，必要时可多喷1～2次。用0.5%石灰倍量式或1%石灰半量式喷雾。

**【注意事项】** ①选用质量好的硫酸铜和生石灰作原料，方可配制出高质量的波尔多液。②波尔多液要现配现用，不宜放置过久，不宜放在钢、铁容器中。在使用过程中，要不断搅拌，以免浓度不均匀。喷过波尔多液的喷雾器，应及时清洗干净，以免发生腐蚀。③为避免药害，不宜在果树开花期、清晨露水未干和阴湿天气用药，宜在晴天露水干后用药。施药后遇到大雨，应在晴天后补喷。④波尔多液为保护性杀菌剂，应在病害发生前或发病初期施药，用药晚，药效差。⑤不能与忌碱药剂及石硫合剂、松脂合剂混用或连用，喷施波尔多液后，最好间隔1个月再施用另一种药剂。⑥药剂对蚕有毒，不宜在靠近桑园的果园使用。⑦水果采收前20天停止使用，以免污染果面和对人产生毒害。果实采收时如有残留药液斑渍（天蓝色）可先用稀醋洗去，再用清水洗净后食用。⑧桃、李、杏、梅、柿等果树对铜敏感，不宜使用波尔多液；对石灰敏感的葡萄在高温干旱条件下易产生药害，宜喷用石灰少量式波尔多液。某些苹果品种在幼果期施用波尔多液易产生果锈，可改用其他杀菌剂。

与波尔多液复配的农药，有波尔·锰锌78%可湿性粉剂，用于喷雾防治葡萄白腐病、苹果斑点落叶病和轮纹病、柑橘溃疡病和荔枝霜疫霉病，用药剂量为1 300～1 950毫克/千克。

## 春雷霉素

**【理化性质及特点】** 春雷霉素盐酸盐为白色结晶，微溶于水，难溶于一般有机溶剂，在酸性、中性溶液中稳定。春雷霉素是由一种放线菌代谢产生的抗生素类杀菌剂，具有较强的内吸性，对病菌有预防和治疗作用。药剂渗透性强，能被作物迅速吸收转移，因而耐雨水冲刷，其作用机制是影响病菌蛋白质的合成。

**【毒　性】** 春雷霉素为低毒杀菌剂，对蜜蜂、鸟类和水生生物低毒。

**【常用剂型】** 2％液剂，2％、4％可湿性粉剂，0.4％粉剂。

**【防治对象及使用方法】** 春雷霉素可用于防治果树的多种病害。

防治苹果黑星病、猕猴桃溃疡病等病害，于病害发生初期，用2％可湿性粉剂400倍液喷雾。

防治柑橘脚腐病和流胶病，在以刀纵刻病斑后，用2％液剂5～8倍稀释液涂抹。

防治柑橘树脂病，在病害发生期，用2％可湿性粉剂200～400倍液喷雾。

**【注意事项】** ①可与多种农药混用，但不能与碱性农药混用。施药后5～6小时下雨对药效无影响。②应与其他杀菌剂交替使用，以免病菌产生抗药性。③土法生产春雷霉素，不宜用铁锅等铁制器皿。④若药液溅到皮肤上，可用肥皂水清洗。若误服，可饮大量盐水催吐。⑤配制药液时，加入0.2％中性皂作黏着剂，可提高防治效果。药液要随配随用，以免霉菌污染变质失效。⑥对柑橘、苹果、葡萄和大豆、菜豆、豌豆等作物，有时会有轻微药害，使用时应注意。⑦密封在冷暗处贮存。以防受潮发霉，变质失效。

与春雷霉素复配的农药，有春雷·王铜47％和50％可湿性粉剂，用于喷雾防治柑橘树溃疡病和荔枝霜疫霉病，用药剂量为

625～1 000 毫克/千克。

## 代 森 铵

**【理化性质及特点】** 纯品为无色结晶。工业品为淡黄色液体，有氨味，易溶于水，化学性质稳定。温度高于 40℃时易分解。代森铵属有机硫制剂，在植物上的渗透力强，可渗入到植物组织内起杀菌作用。

**【毒　性】** 代森铵为低毒杀菌剂。

**【常用剂型】** 45％、50％水剂。

**【防治对象和使用方法】** 代森铵属保护性广谱杀菌剂，能防治多种果树病害，残效期 3～4 天。

防治梨黑星病，在发病前或发病初期，用 45％水剂 800 倍液喷雾。

防治桃褐腐病，从落花后 10 天左右开始喷药，在发病重的果园，在初花期喷第一次药，直到果实成熟前 1 个月左右，根据病害发生情况喷药 3～4 次。最好与甲基硫菌灵等其他药剂交替使用。使用浓度为 45％水剂 800 倍液。

防治柑橘炭疽病、白粉病、溃疡病和立枯病等病害，分别在病害发生初期用 50％水剂 500～800 倍液喷雾 2～3 次。

防治荔枝霜疫霉病，在幼果期和果实成熟前 15～20 天各喷药 1 次。用 50％水剂 800 倍液喷雾。

防治香蕉叶斑病，在 4 月下旬至 5 月上旬发病初期，用 50％水剂 400 倍液喷雾。在药液里加入 0.1％洗衣粉可增加黏着性。

防治葡萄霜霉病等，从病害发生初期开始，用 50％水剂 500～1 000 倍液喷雾，间隔 15 天喷 1 次，连续 2～3 次。

**【注意事项】** ①不宜与石硫合剂、波尔多液等碱性药剂混用，也不宜与含铜制剂及含有游离酸的物质混用。②浓度高时对某些作物有药害，尤其在高温时对豆类作物敏感。③如有药液污染手、脸和皮肤等裸露部位，应立即用肥皂水冲洗。施药结束后应清洗工具。包装物回收后要妥善处理。④药剂应贮存在干燥、避光、通风良好的仓库中。要有专门车辆、仓库运输和贮存。

## 代森联

**【理化性质及特点】** 原药为淡黄色粉末。不溶于水和有机溶剂。

**【毒　性】** 对人、畜低毒，对兔眼无刺激，对皮肤有刺激作用。

**【常用剂型】** 70％水分散粒剂，70％干悬浮剂。

**【防治对象和使用方法】** 可防治果树、蔬菜、棉花、烟草、花生和玉米等植物的多种病害。

防治苹果轮纹病、苹果斑点落叶病和苹果炭疽病，在发病初期，用70％水分散粒剂或70％干悬浮剂300～700倍液喷雾。

防治梨树黑星病，从发病初期开始，用70％水分散粒剂或干悬浮剂500～700倍液喷雾。第一次喷药后可根据病害发生情况决定下一次喷药的时间，间隔期为1周左右。

防治柑橘疮痂病，在发病初期，用70％干悬浮剂300～500倍液喷雾。

**【注意事项】** ①不能与强酸或碱性物质以及含铜制剂混用。与马拉硫磷和二嗪农混合时不稳定，须随配随用。②对鱼有毒，不可污染水源。③药剂对皮肤、黏膜有刺激作用，使用时应注意保护。④贮藏时应避免高温和潮湿。

与代森联复配的农药有唑醚·代森联60％水分散粒剂，用于喷雾防治荔枝霜疫霉病、柑橘疮痂病、苹果斑点落叶病和轮纹病，以及葡萄霜霉病等，用药剂量为300～600毫克/千克。

## 代森锰锌

**【理化性质及特点】** 原药为灰黄色粉末。不溶于水及大多数有机溶剂。遇酸、碱易分解。高温时暴露在空气中和受潮后易分解,可引起燃烧。代森锰锌属有机硫类保护性杀菌剂,与内吸性杀菌剂混用,能扩大杀菌谱,并延缓抗药性的产生。

**【毒　性】** 代森锰锌为低毒杀菌剂,对兔皮肤和黏膜有一定的刺激作用。

**【常用剂型】** 50%、70%、80%可湿性粉剂。

**【防治对象和使用方法】** 代森锰锌为广谱杀菌剂,能防治果树和蔬菜等作物上的多种病害。

防治桃褐腐病,于落花后 10 天左右开始,直至果实成熟前 1 个月左右,均用 70%可湿性粉剂 600～800 倍液喷雾。其间可与多菌灵、甲基硫菌灵等药剂交替使用,5～6 月份喷药可兼治桃穿孔病、炭疽病、疮痂病及其他病害。

防治苹果斑点落叶病,从发病初期开始喷药,用 70%可湿性粉剂 400～800 倍液喷雾,7～10 天喷 1 次。进入雨季可与波尔多液交替使用,兼治苹果轮纹病。

防治苹果和山楂花腐病,从果树展叶至落花后喷药 2～3 次,使用浓度为 70%可湿性粉剂 600～800 倍液。

防治苹果、梨黑点病,在落花后 10 天左右,用 70%可湿性粉剂 600～800 倍液喷雾。果实套袋前再喷 1 次。

防治梨黑星病,从病梢出现初期开始,用 70%可湿性粉剂 600～800 倍液喷雾,至果实采收前 1 个月左右,共喷药 3～4 次,间隔期为 10～15 天。其间可与其他杀菌剂交替使用。

防治梨和山楂锈病,从果树发芽到展叶后,用 70%可湿性粉剂 600～800 倍液喷雾,间隔 10 天左右喷 1 次,连续喷 2～3 次。

防治葡萄黑痘病,于展叶后至果实采收前喷药,间隔 10～15 天喷药 1 次;防治炭疽病,从发病初期开始喷药。使用浓度为 70%可湿性粉剂 600～800 倍液,可兼治葡萄黑腐病和白腐病等。

防治柑橘黑星病,在花后 30～45 天喷药,间隔 15 天左右喷 1

次，连续3～4次；防治柑橘炭疽病，在春、夏梢生长期和果实接近成熟期喷药，15～20天喷1次，连续喷3～4次；防治柑橘疮痂病，在发病前或发病初期喷药，可保护嫩梢和幼果。施药浓度为80%可湿性粉剂400～800倍液。

防治荔枝霜疫霉病，从花穗长至3厘米时开始，在始花期、谢花期、果实中指大和果实着色期，各喷药1次，共喷5次。用80%可湿性粉剂400～600倍液均匀喷雾。

防治龙眼叶斑病，从病害发生初期开始喷药，用80%可湿性粉剂600～800倍液喷雾。

防治香蕉炭疽病、黑星病和叶斑病，从发病前或发病初期开始，用80%可湿性粉剂500～700倍液喷雾，隔10～15天喷1次，共喷4～5次。

防治杧果炭疽病和白粉病，从花蕾期开始，用80%可湿性粉剂600～800倍液喷雾，间隔10～15天喷1次，共喷3～4次。

**【注意事项】** ①不能与铜制剂及强碱性农药混用。②与其他杀菌剂交替使用，可延缓病菌产生抗药性。③施药后用肥皂水清洗身体裸露部位。如误服，应催吐，洗胃，导泻。④在苹果上的安全间隔期为10天，香蕉上为7天。每年最多用3次。⑤应在密封、干燥及阴凉处保存，以防分解失效。

**【与代森锰锌复配的农药】** 如表33所示。

**表33 与代森锰锌复配的农药**

| 登记名称 | 含量及剂型 | 登记作物 | 防治对象 | 用药量 | 施用方法 |
|---|---|---|---|---|---|
| 噁酮·锰锌 | 68.75%可分散粒剂 | 柑橘树 | 疮痂病 | 458.3～687.5毫克/千克 | 喷雾 |
| 噁酮·锰锌 | 68.75%可分散粒剂 | 葡萄 | 霜霉病 | 800～1200倍液 | 喷雾 |

续表 33

| 登记名称 | 含量及剂型 | 登记作物 | 防治对象 | 用药量 | 施用方法 |
|---|---|---|---|---|---|
| 噁酮·锰锌 | 68.75%可分散粒剂 | 苹果 | 斑点落叶病、轮纹病 | 1000～1500 倍液 | 喷雾 |
| 多·锰锌 | 40%、75%可湿性粉剂 | 苹果 | 斑点落叶病 | 1000～1250 毫克/千克 | 喷雾 |
| 波尔·锰锌 | 78%可湿性粉剂 | 葡萄 | 白腐病 | 1300～1560 毫克/千克 | 喷雾 |
| 多抗·锰锌 | 46%可湿性粉剂 | 苹果 | 斑点落叶病 | 460～575 毫克/千克 | 喷雾 |
| 锰锌·腈菌唑 | 50%、60%、80%可湿性粉剂 | 梨树 | 黑星病 | 400～1333 毫克/千克 | 喷雾 |
| 锰锌·腈菌唑 | 32%可湿性粉剂 | 香蕉 | 叶斑病 | 533～640 毫克/千克 | 喷雾 |
| 锰锌·腈菌唑 | 25%可湿性粉剂 | 苹果 | 斑点落叶病 | 333～500 毫克/千克 | 喷雾 |
| 锰锌·烯唑醇 | 32.5%可湿性粉剂 | 葡萄 | 黑痘病 | 541.7～812.5 毫克/千克 | 喷雾 |
| 锰锌·多菌灵 | 50%可湿性粉剂 | 苹果 | 斑点落叶病 | 1000～1250 毫克/千克 | 喷雾 |
| 锰锌·异菌脲 | 50%可湿性粉剂 | 苹果 | 斑点落叶病 | 625～833 毫克/千克 | 喷雾 |
| 多·福·锰锌 | 50%可湿性粉剂 | 苹果 | 轮纹病 | 625～1000 毫克/千克 | 喷雾 |

## 代森锌

**【理化性质及特点】** 纯品为白色粉末，原药为淡黄色粉末，有臭鸡蛋味，难溶于水及大多数有机溶剂，能溶于吡啶。对光、热、湿气均不稳定，遇碱及铜制剂能促进其分解。

**【毒　性】** 对人、畜低毒，对皮肤和黏膜有刺激性作用，其分解产物中有乙撑硫脲，毒性较大。国际粮农组织和国际卫生组织建议,苹果和梨上的最高残留限量为3毫克/千克。

**【常用剂型】** 65%、80%可湿性粉剂。

**【防治对象及使用方法】** 代森锌为保护性广谱杀菌剂,可防治多种果树病害,残效期7天左右。

防治落叶果树病害,从病害发生初期开始,用80%可湿性粉剂500～700倍液,或65%可湿性粉剂400～500倍液喷雾。根据病害发生情况可喷药多次,间隔期7～10天喷1次。最好与其他类型杀菌剂交替使用,可防治以下病害:苹果花腐病、黑腐病、褐斑病、黑星病和炭疽病;梨黑星病、锈病和黑点病;葡萄霜霉病、褐斑病、黑痘病和炭疽病;桃褐腐病、缩叶病、穿孔病、炭疽病和白锈病;杏、李穿孔病;柿子炭疽病、角斑病和圆斑病等。

防治柑橘炭疽病、黄斑病和黑星病,从发病前或发病初期开始,用65%可湿性粉剂500～700倍液喷雾,间隔15天喷1次,连续喷2～3次。

防治杧果炭疽病,在花蕾期用65%代森锌可湿性粉剂500～600倍液喷雾,也可防治其他果树炭疽病。

防治枇杷叶斑病和炭疽病,于新叶长出后用65%可湿性粉剂500～600倍液喷雾,间隔10～15天喷1次,连续喷2～3次。

**【注意事项】** ①不能与石硫合剂、波尔多液等碱性农药和铜制剂混用。该药为保护性杀菌剂,应在发病前或发病初期使用。②对梨的某些品种以及烟草和葫芦科作物有药害,施药时应注意防护。③施药结束后要及时清洗身体裸露部位,如误服,应立即催吐或送医院救治。④将药剂贮存在干燥、避光、通风良好的仓库中,切勿受潮或淋雨,以免分解失效。不要与食物和日用品混放。

与代森锌复配的农药,有王铜·代森锌52%可湿性粉剂,用于喷雾防治柑橘树溃疡病,用药剂量为1 733～2 600毫克/千克。

## 多菌灵

【理化性质及特点】 纯品为白色结晶，原粉为浅灰色粉末，可溶于稀无机酸和有机酸。在碱性溶解中缓慢分解，对热较稳定。多菌灵是一种高效内吸性杀菌剂，具有保护和治疗作用，有明显的向顶输导性能，持效期长，杀菌机制是干扰病菌的有丝分裂。

【毒　性】 多菌灵为低毒杀菌剂，对大鼠、兔、豚鼠和猫均无不良作用，对鱼和蜜蜂低毒。在柑橘、桃和葡萄上的最大残留限量为10毫克/千克，在苹果和梨上为5毫克/千克。

【常用剂型】 25%、50%、80%可湿性粉剂，40%悬浮剂。

【防治对象和使用方法】 多菌灵除用于叶部喷雾外，也可进行拌种和土壤处理，对许多真菌病害有效，但对卵菌纲病菌和细菌引起的病害无效。

多菌灵可防治苹果、梨、山楂、桃、杏、樱桃和葡萄等落叶果树的多种真菌性病害。使用浓度为50%可湿性粉剂500～800倍液。

防治苹果、梨及山楂轮纹病，从果树落花后10天开始喷第一次药，以后间隔10～15天再喷1次。喷药多少应视降雨情况而定，雨多多喷，雨少少喷，雨后必喷。进入雨季应与波尔多液交替使用。

防治苹果炭疽病，从幼果期开始喷药，以后过15天左右再喷1次；防治梨炭疽病应从落花后10天左右开始喷药，进入雨季应与波尔多液交替使用。

防治苹果霉心病，从苹果现蕾至落花后，隔10天喷药1次，共喷2～3次。

防治苹果及山楂花腐病，从发芽至开花前，隔10天喷药1次，共喷药2次。

防治苹果和梨煤污病，发病初期可喷1次多菌灵，以后可喷1

次 1：2～3：200～240 倍波尔多液。

防治苹果和梨黑点病，在苹果和梨套袋前喷药 1 次，喷后套袋。

防治苹果、梨和山楂黑星病，在发病初期开始喷药，进入雨季可与波尔多液交替使用。

防治梨褐腐病，在果实进入成熟期前开始喷药保护，隔 7～10 天喷 1 次，连续喷 2 次。

防治苹果紫纹羽、白纹羽病，发现病株时将病根挖出、剪掉，再用 50%可湿性粉剂 500 倍液灌根。

防治苹果青霉病和红粉病，在果实入库前，用 50%可湿性粉剂 100 倍液浸果 10 分钟，晾干后贮存，还可防止贮藏期轮纹病的发生。

防治葡萄白腐病、黑痘病、炭疽病和黑腐病等病害，从葡萄展叶期开始至果实着色前喷药，间隔 10～15 天喷 1 次，视病情发展决定喷药次数。

防治桃褐腐病和桃疮痂病，在落花后 5～10 天开始喷药，每隔 10～15 天喷 1 次，共喷 2～3 次。

防治柑橘生长期的疮痂病，主要是保护嫩梢和幼果，可在春梢新芽萌动期及花谢 2/3 时喷药；防治黑星病，在落花后 30～45 天内喷药；防治其他病害如炭疽病、白粉病、脂点黄斑病和棒孢霉斑病等，可在发病前或发病初期喷药。使用浓度为 50%多菌灵可湿性粉剂 500～1 000 倍液，间隔 15 天左右喷 1 次，共喷 2～4 次。防治柑橘立枯病，用 500 倍液喷洒，每隔 5 天喷 1 次，连喷 3 次。防治沙皮病，可纵刻病部后用 100 倍液涂抹治疗。

防治柑橘贮藏病害，在果实采收后 24 小时内，用 50%可湿性粉剂 1 000～2 000 倍液浸果 1 分钟左右，可防治青霉病和绿霉病。还可在果实贮藏前用 50%可湿性粉剂 200～500 倍液喷雾或擦洗贮藏库和工具，进行消毒。

防治柑橘脚腐病和树脂病，用50％可湿性粉剂100倍液涂抹刻伤的病部。

防治香蕉叶斑病、黑星病、炭疽病和香蕉褐缘灰斑病等病害，在花蕾期用50％可湿性粉剂500～800倍液喷雾。

防治番木瓜炭疽病和杧果白粉病与蒂腐病，在发病初期用50％可湿性粉剂500～1000倍液喷雾，隔7～10天再喷1次。视病情决定喷药次数。

防治龙眼霜疫霉病，在开花前或谢花后，用50％可湿性粉剂1 000倍液喷雾，每隔15天喷1次，共喷2～3次。

防治枇杷叶斑病与炭疽病、荔枝霜疫霉病、杧果炭疽病与白粉病，从发病初期开始，用50％可湿性粉剂500～1 000倍液喷雾。隔10～15天喷1次，连喷2～3次。

防治菠萝心腐病，在发病初期用50％可湿性粉剂1 000～1 500倍液喷雾；防治黑腐病，用25％可湿性粉剂1 000倍液浸果1分钟，晾干后贮运。

防治杨桃果实炭疽病，在幼果期用50％可湿性粉剂1 000～1 500倍液喷雾。

**【注意事项】** ①与杀虫、杀螨剂混用时要现混现用。不能与强碱性药物及铜制剂混用。静置后的药液有分层时，摇匀后再用。②为延缓病菌产生抗药性，应与其他类型杀菌剂交替使用。不能与甲基硫菌灵混用。③果实收获前25天停止用药。④配药时要防止污染手、脸及皮肤，工作完毕后要及时清洗。施药过程中不得抽烟、喝水和进食。

**【与多菌灵复配的农药】** 如表34所示。

表 34 与多菌灵复配的农药

| 登记名称 | 含量及剂型 | 登记作物 | 防治对象 | 用药量 | 施用方法 |
|---|---|---|---|---|---|
| 溴菌·多菌灵 | 25%可湿性粉剂 | 柑橘 | 炭疽病 | 500～833.3 毫克/千克 | 喷雾 |
| 多·福 | 50%、60%可湿性粉剂 | 葡萄、梨 | 霜霉病、黑星病 | 1000～1500 毫克/千克 | 喷雾 |
| 戊唑·多菌灵 | 20%可湿性粉剂 | 苹果 | 斑点落叶病、轮纹病 | 100～200 毫克/千克 | 喷雾 |
| 戊唑·多菌灵 | 30%悬浮剂 | 苹果、葡萄 | 轮纹病、白腐病 | 375～500、250～375 毫克/千克 | 喷雾 |
| 多·锰锌 | 40%、75%可湿性粉剂 | 苹果 | 斑点落叶病 | 1000～1250 毫克/千克 | 喷雾 |
| 丙森·多菌灵 | 70%可湿性粉剂 | 苹果 | 斑点落叶病 | 560～700 毫克/千克 | 喷雾 |
| 丙唑·多菌灵 | 35%悬浮剂 | 柑橘 | 炭疽病 | 278～417 毫克/千克 | 喷雾 |
| 丙唑·多菌灵 | 35%悬浮剂 | 葡萄 | 白腐病、炭疽病 | 167～250 毫克/千克 | 喷雾 |
| 丙唑·多菌灵 | 35%悬浮剂 | 苹果 | 腐烂病、轮纹病 | 417～625 毫克/千克 | 涂抹病疤、喷雾 |
| 丙森·多菌灵 | 50%、53%可湿性粉剂 | 苹果 | 轮纹病 | 625～833.3,663～883 毫克/千克 | 喷雾 |
| 硅唑·多菌灵 | 55%可湿性粉剂 | 苹果 | 轮纹病、炭疽病、黑点病 | 440～687.5 毫克/千克 | 喷雾 |
| 异菌·多菌灵 | 52.5%、20%悬浮剂 | 苹果 | 斑点落叶病 | 350～525,333～500 毫克/千克 | 喷雾 |
| 多·福·锰锌 | 50%、80%可湿性粉剂 | 苹果 | 轮纹病 | 625～1000,1000～1143 毫克/千克 | 喷雾 |
| 烯唑·多菌灵 | 27%、30%可湿性粉剂 | 梨 | 黑星病 | 180～337.5 克/公顷,250～375 毫克/千克 | 喷雾 |

续表 34

| 登记名称 | 含量及剂型 | 登记作物 | 防治对象 | 用药量 | 施用方法 |
|---|---|---|---|---|---|
| 苯甲·多菌灵 | 32.8%可湿性粉剂 | 苹果 | 轮纹病 | 164～216.8 毫克/千克 | 喷雾 |
| 氟环·多菌灵 | 40%悬浮剂 | 香蕉 | 叶斑病 | 180～270 克/公顷 | 喷雾 |
| 百·多·福 | 75%可湿性粉剂 | 苹果 | 轮纹病 | 937.5～1250 毫克/千克 | 喷雾 |
| 咪鲜·多菌灵 | 25%可湿性粉剂 | 杧果 | 炭疽病 | 250～416.7 毫克/千克 | 喷雾 |
| 铜钙·多菌灵 | 60%可湿性粉剂 | 苹果 | 轮纹病 | 1000～1500 毫克/千克 | 喷雾 |

## 多抗霉素

**【理化性质及特点】** 纯品为无色针状结晶，易溶于水，不溶于有机溶剂，在酸性和中性溶液中稳定，在碱性溶液中不稳定，在常温下稳定。多抗霉素是一种抗生素类广谱性杀菌剂，具有较好的内吸传导作用。主要成分是多抗霉素 A 和多抗霉素 B。对作物安全，无药害，还能刺激作物生长，增加产量。

**【毒　性】** 多抗霉素为低毒杀菌剂，对兔皮肤和眼睛无刺激作用，对鱼和水生生物毒性低，对蜜蜂低毒。

**【常用剂型】** 2%、3%、5%、10%可湿性粉剂，3%水剂。

**【防治对象及使用方法】** 多抗霉素可防治果树的多种病害。

防治苹果斑点落叶病，在春梢生长期，用 10%可湿性粉剂 1 000～1 500 倍液喷雾。在新梢停止生长或进入雨季时，应与波尔多液交替使用，可兼治苹果轮纹病。

防治梨黑星病，在梨落花后和果实近成熟期，用 10%可湿性粉剂 1 000～1 500 倍液，或 1.5%可湿性粉剂 300～500 倍液喷雾。

其他时期应与其他类杀菌剂交替使用。

防治葡萄灰霉病，在葡萄始花期，用10%可湿性粉剂1 000～2 000倍液喷雾，7天左右喷1次，共喷2～3次。尽量使叶片和果实都沾上药液。

**【注意事项】** ①不能与酸性或碱性农药混用。应与其他农药交替使用，以免病菌产生抗药性。②施药后要清洗身体裸露部位，并漱口。③在苹果上安全间隔期为7天，每年最多使用3次。④密封贮存于干燥、阴凉处。

与多抗霉素复配的农药，有多抗·锰锌46%可湿性粉剂和多抗·克菌丹65%可湿性粉剂，均用于喷雾防治苹果斑点落叶病，用药剂量分别为460～575毫克/千克和541.6～650毫克/千克。

## 氟硅唑

**【理化性质及特点】** 纯品为无色结晶，可溶于水，易溶于多数有机溶剂，对光稳定。氟硅唑为内吸性杀菌剂，具有保护、预防和治疗作用。在我国最初登记商品名称为福星。

**【毒　性】** 氟硅唑为低毒杀菌剂，对皮肤和眼睛有轻微刺激作用。在梨树上的最高残留限量为0.2毫克/千克。

**【常用剂型】** 40%乳油。

**【防治对象及使用方法】** 氟硅唑对由子囊菌纲、担子菌纲和半知菌类真菌引起的植物病害，有很好的防治效果。

防治苹果、梨树黑星病，在果树展叶至落花后喷第一次药，以后根据降雨情况，每隔15～20天喷药1次。使用浓度为40%乳油8 000倍液。

防治苹果、梨和葡萄白粉病，在果树展叶至开花前喷药1次，在落花后如再感染，可再喷药1次。使用浓度同上。

防治葡萄黑痘病，在病害发生初期，用40%乳油6 000～8 000倍液喷雾。

**【注意事项】** ①酥梨类品种在幼果期对此药敏感,应谨慎施用。②为了避免病菌对药剂产生抗性,应与其他保护性杀菌剂交替使用。③在梨树上的安全间隔期为21天,每年最多使用2次。④不可与碱性农药混用。

**【与氟硅唑复配的农药】** 如表35所示。

**表35 与氟硅唑复配的农药**

| 登记名称 | 含量及剂型 | 登记作物 | 防治对象 | 用药量 | 施用方法 |
|---|---|---|---|---|---|
| 噁酮·氟硅唑 | 206.7克/升乳油 | 枣 | 锈病 | 2000～2500倍 | 喷雾 |
| 噁酮·氟硅唑 | 206.7克/升乳油 | 苹果 | 轮纹病 | 2000～3000倍液 | 喷雾 |
| 噁酮·氟硅唑 | 206.7克/升乳油 | 香蕉 | 叶斑病 | 1000～1500倍液 | 喷雾 |
| 硅唑·多菌灵 | 55%可湿性粉剂 | 苹果 | 轮纹病、炭疽病、黑点病 | 440～687.5毫克/千克 | 喷雾 |
| 硅唑·多菌灵 | 21%悬浮剂 | 梨 | 黑星病 | 2000～3000倍液 | 喷雾 |

## 氟菌唑

**【理化性质及特点】** 纯品为白色无味结晶,微溶于水,为内吸性广谱杀菌剂,具有保护、治疗和铲除作用。该药为麦角甾醇生物合成抑制剂,内吸传导性好,抗雨水冲刷。在我国最初登记商品名称为特富灵。

**【毒　性】** 氟菌唑为低毒杀菌剂,对兔眼睛有短暂的弱刺激性,对皮肤无刺激作用。对鱼类有一定毒性,对蜜蜂无毒。日本推荐该药在果实中的最高残留限量为2毫克/千克。

**【常用剂型】** 30%可湿性粉剂。

**【防治对象及使用方法】** 氟菌唑为新型杀菌剂,可防治果树和蔬菜等多种作物的病害。

防治苹果和梨黑星病，在果树病梢或病叶初现时喷药，用30%可湿性粉剂2 000～3 000倍喷雾，每7～10天喷药1次，进入雨季后可与波尔多液交替使用。

防治梨树和山楂锈病，于病害发生初期喷药，使用农药同上。

防治苹果、梨和山楂白粉病，在发病初期用30%可湿性粉剂1 000～2 000倍液喷雾，间隔7～10天再喷1次，共喷3～4次。

防治桃黑星病、褐腐病等病害，从发病初期开始，用30%可湿性粉剂1 500～2 000倍液喷雾，间隔10天左右喷1次，共2～3次。

**【注意事项】** ①幸水梨品种树势弱时以高浓度喷洒，叶片会发生轻度黄斑，因此必须在规定的低浓度下使用。在梨树上避免与杀螟硫磷、亚胺硫磷混用。②本品对皮肤和眼睛有刺激性，应避免药液溅到皮肤上或进入眼内。若误服，可用大量水催吐并送医院治疗。施药时应避免药液流入池塘、河流等水域。③该药应贮藏在阴凉、通风及儿童接触不到的地方。

## 福美双

**【理化性质及特点】** 纯品为白色无味结晶。遇酸、碱易分解，长期暴露在空气中及潮湿环境下易变质。

**【毒　性】** 对人、畜低毒，对鱼类毒性高，对皮肤和黏膜有刺激作用。

**【常用剂型】** 50%可湿性粉剂。

**【防治对象及使用方法】** 福美双是用于叶面喷雾及种子处理的保护性杀菌剂，可与多种农药复配，提高防治效果。

防治葡萄白腐病和炭疽病，在病害发生前或发病初期，用50%可湿性粉剂500～750倍液喷雾，5～7天喷1次，连喷2～3次。

防治梨树黑星病，在发病前或发病初期，用50%可湿性粉剂500倍液喷雾，可有效控制病害发展。

防治柑橘等果树苗木的立枯病，可用药剂进行苗床土壤消毒，每平方米用50%可湿性粉剂10克，加细沙土拌匀后，用1/3作垫土，其余2/3于播种后作盖土。

防治桃、李叶片的细菌性穿孔病，在病害发生初期，用50%可湿性粉剂500～800倍液喷布叶片和幼果，间隔5～7天喷1次，连喷3～4次。

**【注意事项】** ①不能与铜制剂及碱性农药混用或先后紧接使用。②在高温高湿条件下，黄瓜对药剂敏感，果园种植黄瓜时要慎用。③药剂对黏膜和皮肤有刺激作用，施药时应注意防护。施药人员工作完毕，及时清洗身体裸露部位。误服应迅速催吐，洗胃，并对症治疗。④要妥善处理废液和污水。包装物应及时回收并妥善处理。⑤药剂处理过的种子，不可食用或作饲料。不要将其与食物和日用品一起贮存。

**【与福美双复配的农药】** 如表36所示。

**表36 与福美双复配的农药**

| 登记名称 | 含量及剂型 | 登记作物 | 防治对象 | 用药量 | 施用方法 |
| --- | --- | --- | --- | --- | --- |
| 甲硫·福美双 | 70%可湿性粉剂 | 苹果 | 轮纹病 | 1000～1400毫克/千克 | 喷雾 |
| 多·福 | 40%、50%可湿性粉剂 | 葡萄 | 霜霉病 | 1000～1250毫克/千克 | 喷雾 |
| 多·福·锌 | 80%可湿性粉剂 | 苹果 | 轮纹病 | 1000～1143毫克/千克 | 喷雾 |
| 百·多·福 | 75%可湿性粉剂 | 苹果 | 轮纹病 | 937.5～1250毫克/千克 | 喷雾 |
| 福·福锌 | 40%、80%可湿性粉剂 | 苹果 | 炭疽病 | 250～300,500～600倍液 | 喷雾 |

## 福美锌

**【理化性质及特点】** 纯品为白色粉末,工业品为白色或淡黄色粉末,难溶于水,微溶于乙醚和乙醇,可溶于丙酮,易溶于稀碱、二硫化碳和氯仿,遇酸易分解。

**【毒　性】** 福美锌为低毒杀菌剂,对皮肤和黏膜有刺激性,对鱼毒性中等。

**【常用剂型】** 65%可湿性粉剂。

**【防治对象和使用方法】** 福美锌为保护性杀菌剂,常与其他杀菌剂混合使用,防治多种果树病害。

防治苹果花腐病,从果树萌芽至开花期,用 65%可湿性粉剂 300～500 倍液喷雾,连续喷药 2～3 次。

防治葡萄炭疽病,在病害发生初期,用 65%可湿性粉剂 300～500 倍液喷雾。

防治桃褐腐病,从落花后至果实采收前 1 个月左右,用 65%可湿性粉剂 300～500 倍液喷雾,与其他药剂交替使用,还可兼治炭疽病等其他病害。

防治柑橘黑星病、炭疽病及疮痂病,常与福美双混用。

**【注意事项】** ①药剂遇酸液或暴露在空气中很快分解失效。长期贮存或与铁类化合物接触,药效逐渐降低。②不宜与含铜、汞的化合物混用。③应在病害发生前或发病初期使用,一般使用浓度对作物安全,但烟草和一些葫芦科蔬菜对此较敏感,果园周围种植这些作物时应注意防护。

与福美锌复配的农药,有多·福·锌 80%可湿性粉剂和胂·锌·福美双 50%可湿性粉剂,前者用于防治苹果轮纹病,用药量为 1 000～1 143 毫克/千克;后者用于防治苹果炭疽病、梨黑星病、葡萄黑痘病和炭疽病,施用浓度为 500～1 000 倍液。

## 腐霉利

**【理化性质及特点】** 纯品为无色片状结晶。原粉为白色或浅棕色结晶，不溶于水，微溶于乙醇，易溶于丙酮、二甲苯和氯仿等有机溶剂，在酸性条件下稳定，在碱性条件下不稳定。腐霉利属内吸性杀菌剂，能向新叶传导，具有保护和治疗作用。在我国最初登记商品名称为速克灵。

**【毒　性】** 对人、畜低毒，对皮肤和眼睛有刺激作用，对鸟类低毒。在葡萄上的最高残留限量为5毫克/千克。

**【常用剂型】** 50%可湿性粉剂。

**【防治对象及使用方法】** 腐霉利对葡萄孢属和核盘菌属真菌引起的植物病害有特效，可有效防治对多菌灵、甲基硫菌灵等常用杀菌剂产生抗性的病菌，持效期7天以上。

防治葡萄霜霉病，在病害发生初期用50%可湿性粉剂1 000～2 000倍液喷雾，间隔7～15天喷1次。

防治桃和樱桃等果实褐腐病，在发病初期用50%可湿性粉剂1 000～2 000倍液喷雾。隔7～10天喷1次，连喷1～2次。

防治葡萄灰霉病，在发病初期用50%可湿性粉剂1 000～2 000倍液喷雾。间隔7～10天再喷1次，共喷2次。

**【注意事项】** ①不可与碱性农药和有机磷农药混用。②应与其他杀菌剂交替使用，以免病菌产生抗药性。③药液配好后应尽快使用，不宜长时间放置。④若不慎使药液溅入眼中，应用大量清水冲洗；若药液沾染皮肤上，应立即用肥皂水冲洗。⑤药剂应贮存在阴凉、干燥和通风处。⑥在葡萄上的安全间隔期为14天，每年最多使用2次。

## 甲基硫菌灵

**【理化性质及特点】** 纯品为无色结晶体，原粉为微黄色结晶。

不溶于水，可溶于丙酮、甲醇、乙醇和氯仿等有机溶剂，对酸、碱稳定。该药剂是一种内吸性广谱杀菌剂，具有预防和治疗作用，在植物体内转化为多菌灵，干扰病菌的细胞分裂，起到杀菌作用。

**【毒　性】** 对人、畜低毒，对鱼、蜜蜂和鸟类低毒。

**【常用剂型】** 50%、70%可湿性粉剂，36%、50%悬浮剂。

**【防治对象及使用方法】** 甲基硫菌灵在果树上主要用于叶面喷雾，防治多种果树病害，也可用于土壤处理和拌种防治农作物和蔬菜病害。

防治苹果轮纹病，从5月下旬开始喷第一次药。以后结合防治其他病害，并与其他药剂交替使用，共喷药3～5次。防治炭疽病，应从幼果期开始喷药，15天左右喷药1次，连续喷3～4次。防治锈病，应在苹果发芽后至幼果期喷药1～2次。防治花腐病，应在萌芽至开花期喷药2～3次。防治霉心病，应从花期开始喷药2次。在苹果套袋前喷药1次，重点喷果实，可有效地防治苹果黑点病。使用浓度为70%可湿性粉剂800～1 000倍液。

防治苹果根部病害，先扒开根部土壤，将根颈部的病斑用刀彻底刮除，再涂以70%可湿性粉剂1 000倍液，对白纹羽病和紫纹羽有良好的防治效果。

防治梨黑星病，在病梢初现时喷第一次药，以后视病情发展喷药2～3次。防治梨轮纹病，在5～7月间结合防治其他病害，15天左右喷1次，连续喷4次。防治梨锈病，在萌芽期至展叶后25天内喷药，每10天左右喷1次，连喷3次。此外，甲基硫菌灵对梨白粉病、炭疽病和煤污病等，也有较好的防治效果，使用浓度为70%可湿性粉剂800～1 000倍液。

防治葡萄白腐病和葡萄灰霉病，在发病初期喷第一次药，以后每隔10～15天喷1次，连续喷3～5次。防治葡萄黑痘病，应在葡萄展叶至果实着色前喷药，每10～15天喷1次。防治炭疽病，在果园内出现孢子时喷第一次药，以后每7～10天喷1次。使用浓度为70%可湿性粉剂1 000～1 500倍液。

防治桃褐腐病，在落花后10天左右喷第一次药，以后每隔10～15天喷1次。防治桃炭疽病，在雨季前和发病初期喷药，每10～15天喷1次，使用浓度为70%可湿性粉剂800～1 000倍液。

防治山楂枯梢病、花腐病、斑枯病和白粉病等，在病害发生初期，用70%可湿性粉剂1 000倍液喷雾。

防治柑橘疮痂病、树脂病、黑星病、立枯病、白粉病和炭疽病，在春季嫩梢期及谢花2/3时，用70%可湿性粉剂800～1 000倍液喷雾，间隔15天喷1次，共喷2～3次。

防治柑橘贮藏期间青绿霉病，在果实采收1～3天内，用70%可湿性粉剂700倍液浸果。

防治杧果炭疽病、白粉病和疮痂病，在嫩梢期和花蕾期，用70%可湿性粉剂800～1 000倍液喷雾每10～15天喷1次。

防治香蕉炭疽病、黑星病、叶斑病和褐缘灰斑病，杨桃果实炭疽病，枇杷叶斑病和灰斑病，番木瓜炭疽病，菠萝心腐病和黑腐病，荔枝、龙眼霜疫霉病，龙眼叶斑病等果树病害，用70%可湿性粉剂800～1 000倍液喷雾，隔10～15天喷1次，连续喷2～4次。

**【注意事项】** ①不能与碱性药剂及含铜制剂混用。②本药剂与多菌灵有交互抗性，防治对此产生抗性的病菌无效。不能与苯菌灵、多菌灵混用或轮换使用。③药剂对皮肤、眼睛有刺激作用，应避免与药液直接接触。施药时若药液溅入眼中，应立即用清水或2%苏打水冲洗。误食应立即催吐或送医院治疗。④果实收获前2周停止用药。

**【与甲基硫菌灵复配的农药】** 如表37所示。

表37 与甲基硫菌灵复配的农药

| 登记名称 | 含量及剂型 | 登记作物 | 防治对象 | 用药量 | 施用方法 |
| --- | --- | --- | --- | --- | --- |
| 甲硫·福美双 | 70%可湿性粉剂 | 苹果树 | 轮纹病 | 1000～1400毫克/千克 | 喷雾 |
| 甲硫·福美双 | 80%可湿性粉剂 | 柑橘树 | 炭疽病 | 500～727毫克/千克 | 喷雾 |
| 甲硫·戊唑醇 | 48%可湿性粉剂 | 苹果树 | 斑点落叶病 | 480～600毫克/千克 | 喷雾 |
| 甲硫·锰锌 | 50%、55%、80%可湿性粉剂 | 苹果树 | 炭疽病、斑点落叶病、轮纹病 | 500～1333毫克/千克 | 喷雾 |
| 苯醚·甲硫 | 40%、45%可湿性粉剂 | 苹果树 | 炭疽病、斑点勤务叶病 | 444～750毫克/千克 | 喷雾 |
| 苯醚·甲硫 | 65%可湿性粉剂 | 梨树 | 黑星病 | 722～1083毫克/千克 | 喷雾 |
| 烯唑·甲硫灵 | 47%可湿性粉剂 | 梨树 | 黑星病 | 1500～2000倍液 | 喷雾 |
| 甲硫·萘乙酸 | 3.315%涂抹剂 | 苹果树 | 腐烂病 | 原液 | 涂抹于病疤 |

## 甲霜灵

**【理化性质及特点】** 纯品为白色结晶，原药为黄色至褐色无味粉末。微溶于水，溶于大多数有机溶剂，挥发性大。在中性、碱性介质中稳定，不易燃、易爆，无腐蚀性，常温下贮存稳定期在2年以上。甲霜灵是一种具有保护和治疗作用的内吸性杀菌剂，可被植物根、茎、叶迅速吸收，并在植物体内运转到各个部位，因而耐雨水冲刷。

**【毒　性】** 甲霜灵为低毒杀菌剂，对兔皮肤和眼睛有轻度刺激作用，对鱼类和蜜蜂毒性低，对鸟类毒性轻微。

**【常用剂型】** 25%可湿性粉剂。

**【防治对象及使用方法】** 可作茎、叶喷雾，也可作种子和土壤处理，对卵菌纲病原菌引起的植物病害有特效。持效期为10～14天。

防治葡萄霜霉病，在发病初期或发病前用25%可湿性粉剂500～700倍液喷雾。间隔10～15天喷1次，连续喷3～4次。

防治柑橘脚腐病，用刀刮去外表泥土，并纵刻病部深达木质部，刻道间隔1厘米，然后用25%可湿性粉剂100～200倍液涂抹，或用200～400倍液对病株进行土壤施药。

防治柑橘苗期立枯病，可在柑橘幼苗发病前用25%可湿性粉剂200～400倍液喷雾预防。

**【注意事项】** ①长期单独使用该药剂，病菌易产生抗药性，应与其他杀菌剂混合使用或轮换使用。②尚无特效解毒药，施药时应加强安全防护。药剂接触皮肤和手后，应立即用水冲洗。③将药剂贮存在通风、阴凉、干燥处。不与食品、种子、饲料混放。

**【与甲霜灵复配的农药】** 如表38所示。

**表38 与甲霜灵复配的农药**

| 登记名称 | 含量及剂型 | 登记作物 | 防治对象 | 用药量 | 施用方法 |
|---|---|---|---|---|---|
| 甲霜·锰锌 | 58%可湿性粉剂 | 葡萄 | 霜霉病 | 1418.1～1740克/公顷 | 喷雾 |
| 甲霜·百菌清 | 72%可湿性粉剂 | 葡萄 | 霜霉病 | 720～900毫克/千克 | 喷雾 |
| 精甲·百菌清 | 440克/升悬浮剂 | 荔枝 | 霜疫霉病 | 550～880毫克/千克 | 喷雾 |
| 精甲霜·锰锌 | 68%水分散粒剂 | 葡萄 | 霜霉病 | 1020～1224克/公顷 | 喷雾 |
| 精甲霜·锰锌 | 68%水分散粒剂 | 荔枝 | 霜疫霉病 | 680～850毫克/千克 | 喷雾 |

## 碱式硫酸铜

**【理化性质及特点】** 原药为淡蓝色粉末,不溶于水,可溶于稀酸。制剂为保护性杀菌剂,粉粒细小,在水中分散性好,喷到植物上后能黏附在植物表面,形成一层保护膜,耐雨水冲刷,在果实表面不留药斑。

**【毒　性】** 对高等动物低毒。

**【常用剂型】** 80%可湿性粉剂,27.12%、30%、35%悬浮剂。

**【防治对象及使用方法】** 该药剂为保护性杀菌剂,在病害发生前喷雾,可以防治多种植物病害。

防治苹果轮纹病,用 27.12%悬浮剂 400～500 倍液喷雾。

防治梨树黑星病,在果实生长期,用 30%悬浮剂 300～500 倍液,或 35%悬浮剂 400～700 倍液喷雾。

防治葡萄霜霉病,在病害发生初期,用 80%可湿性粉剂 600～800 倍液喷雾。最好与有机合成杀菌剂交替使用。

防治柑橘溃疡病,在夏梢抽发期和幼果期,分别用 80%可湿性粉剂 600～800 倍液,或 35%悬浮剂 350～500 倍液,喷布果实和嫩梢。10 天左右喷 1 次,连续喷 6 次。在秋梢发病严重的地区,还要对秋梢喷雾 1～2 次。

**【注意事项】** ①不要与石硫合剂或遇铜分解的药剂混用。不得随意加大使用浓度,不能在早晨露水未干或阴湿情况下施用。高温下要降低使用浓度。②果树花期和幼果期不宜使用。桃、李、杏、柿、鸭梨和苹果、梨幼树对农药敏感,一般不宜使用。③对蚕有毒,周围有桑树的地方应慎用。④用药前需摇匀。药剂应贮存于阴凉、干燥、通风良好的库房,远离火种和热源,保持容器密封。

## 腈 菌 唑

**【理化性质及特点】** 纯品为无色针状结晶,原药为淡黄色固体。微溶于水,溶于醇、芳烃、酯、酮等一般有机溶剂,不溶于脂肪烃。腈菌唑属内吸性杀菌剂,具有保护和治疗作用,作用机制为麦角甾醇生物合成抑制剂。其水溶液暴露于光下易分解。

**【毒　性】** 腈菌唑为低毒杀菌剂,对鼠、兔皮肤无刺激作用,对眼睛有较轻微刺激。对鸟类低毒,对鱼有毒。

**【常用剂型】** 25%、40%可湿性粉剂,12.5%、25%乳油。

**【防治对象及使用方法】** 腈菌唑为广谱性杀菌剂,能有效防治果树的多种病害,对作物安全,持效期长。

防治苹果、梨和山楂白粉病,在病害发生初期,用12.5%乳油2 500～3 000倍液喷药1次,再感染时再喷1次。

防治苹果和梨黑星病,在田间出现病叶时,用12.5%乳油2 500～3 000倍液喷雾,间隔10天左右再喷1次。可与其他药剂交替使用。

防治梨和山楂锈病,在果树展叶至幼果期遇雨应立即喷药,浓度为12.5%乳油2 500～3 000倍液,1周后再喷1次。

防治柑橘贮藏病害,果实采收1天内,用25%乳油2 500倍液浸果,晾干后贮藏,可防治贮藏期间的青、绿霉病。

防治葡萄白粉病和黑腐病,在病害发生初期,用25%乳油3 000倍液喷雾,每2周喷1次,具有明显的治疗效果。

**【注意事项】** ①不能与碱性农药混用。②施药时应严格遵守农药使用操作规程,如药液溅入眼睛,应立即用清水冲洗至少15分钟。③不得随意加大施药浓度,以免产生药害。

与腈菌唑复配的农药,有锰锌·腈菌唑32%、50%、60%可湿性粉剂,分别用于防治香蕉叶斑病、梨树黑星病和苹果轮纹病。还有腈菌·咪鲜胺12.5%乳油,用于防治香蕉叶斑病。

## 己唑醇

**【理化性质及特点】** 纯品为淡黄色或土黄色固体,微溶于水,溶于甲醇和甲苯，常温下较稳定。

**【毒　性】** 对人、畜低毒，对鱼和蜜蜂有毒。极易被哺乳动物排泄，在组织和器官中无明显残留。按推荐浓度使用，在作物中的残留量很低。在土壤中移动性差，降解很快。

**【常用剂型】** 5%微乳剂，5%、10%、25%、30%悬浮剂，5%、10%乳油。

**【防治对象和使用方法】** 可用于防治水稻、果树和花生等作物的多种病害，能有效防治对三唑酮产生抗药性的病害。

防治梨树黑星病，用5%悬浮剂或微乳剂1 000～1 250倍液喷雾。

防治苹果白粉病，用10%乳油3 000～4 000倍液喷雾。

防治苹果斑点落叶病，用5%悬浮剂800～1 500倍液喷雾。

防治桃褐腐病，用5%悬浮剂800～1 000倍液喷雾。

防治葡萄白粉病，用5%微乳剂或悬浮剂1 500～2 000倍液喷雾。

**【注意事项】** ①本品虽属低毒杀菌剂，但仍须按照农药安全规定使用，施药人员在打药完毕要用清水洗手脸及其他裸露部位。②该药剂应贮存于阴凉、干燥、通风和儿童接触不到的地方，不能与食物和饲料混放。

## 菌毒清

**【理化性质及特点】** 纯品为无色至淡黄色黏稠状液体。可与水混溶，在酸性和中性介质中稳定，在碱性介质中易分解。本剂属甘氨酸类杀菌剂，有一定的内吸和渗透作用。

**【毒　性】** 对人、畜低毒，对鱼类安全。

**【常用剂型】** 5%、6.5%水剂，20%可湿性粉剂。

**【防治对象及使用方法】** 菌毒清可用于防治果树的多种病害。

防治苹果和梨腐烂病与轮纹病，在果树发芽前，对全树喷雾。使用浓度为5%水剂50～100倍液，对枝干上的腐烂病菌、轮纹病菌和干腐病菌有很好的防除效果。对腐烂病严重的枝干，可将腐烂病疤彻底刮净后，用50倍液均匀涂刷病疤，7天后再涂刷1次。

防治苹果根部病害，将病树根部周围的土扒开，然后用5%水剂200～300倍液灌根。

防治葡萄黑痘病，在葡萄展叶至幼果期，用5%水剂500～800倍液喷雾，7～10天喷1次。喷药次数视天气和病情发展而定。

防治香蕉炭疽病，在花蕾期用5%水剂500～600倍液喷雾，10天左右喷1次，连续喷2～3次。

**【注意事项】** ①菌毒清水剂在气温较低时，可能出现结晶，使用前先将药瓶放在30℃左右温水中加热，将结晶化开后再用。②不宜与其他农药混用。

## 克菌丹

**【理化性质及特点】** 纯品为无色晶体。微溶于水，溶于二甲苯、氯仿、甲苯和丙酮等有机溶剂。

**【毒　性】** 克菌丹对人、畜低毒。

**【常用剂型】** 50%可湿性粉剂，80%水分散粒剂。

**【防治对象和使用方法】** 用于防治果树和蔬菜作物上的多种病害，也可作为种子处理剂或灌根药剂，用以防治茎枯病、立枯病和黑斑病等病害。

防治梨树黑星病，用50%可湿性粉剂500～700倍液喷雾。

防治苹果轮纹病，用50%可湿性粉剂400～800倍液喷雾。

防治葡萄霜霉病，用50%可湿性粉剂400～600倍液喷雾。

防治柑橘树脂病，用80%水分散粒剂600～1 000倍液喷雾。

防治柑橘立枯病，于发病初期用50%可湿性粉剂400～600倍液喷雾，每隔7～8天喷1次，连喷2～3次。

**【注意事项】** ①对苹果和梨的某些品种有药害,对莴苣、芹菜和番茄种子有影响,使用时应注意。②不能与碱性药剂混用。③拌药的种子勿作饲料或食用。④药剂放置于阴凉干燥处。⑤用药后要注意清洗手、脸及沾药皮肤。

与克菌丹复配的农药有多抗·克菌丹65%可湿性粉剂,用于防治苹果斑点落叶病,用药剂量为541.6～650毫克/千克;还有克菌·戊唑醇400克/升悬浮剂,用于防治苹果轮纹病,葡萄白腐病、炭疽病和霜霉病等,用药剂量为267～400毫克/千克。

## 链霉素

**【理化性质及特点】** 原药为白色无定型粉末。有吸湿性,易溶于水,对光稳定,在浓酸和浓碱条件下易分解。链霉素属于微生物源农药,是由放线菌产生的代谢物,具有内吸杀菌作用,能渗透到植物体内,并传导到其他部位。在农业上应用的为农用链霉素。

**【毒　性】** 对人、畜低毒,对鱼类及水生生物毒性很小。

**【常用剂型】** 10%可湿性粉剂,72%可溶性粉剂。

**【防治对象及使用方法】** 链霉素常用于防治由细菌引起的果树病害。

防治核果类果树如桃、李、杏的细菌性穿孔病,从果树展叶后开始,用10%可湿性粉剂500～1 000倍液,或72%可溶性粉剂3 000倍液喷雾,每10天左右喷1次,连喷2～3次。

防治柑橘溃疡病,在夏、秋梢生长初期,用72%可溶性粉剂1 500倍液喷雾。

**【注意事项】** ①不能与碱性农药或杀螟杆菌、白僵菌、苏云金杆菌等微生物源杀虫剂混用,可与其他杀虫剂、杀菌剂混用。②配好的药液不能久放,应现配现用,使用时可加入少量中性黏着剂。③该药剂应存放在阴凉、干燥处。

## 硫 黄

**【理化性质及特点】** 硫黄为黄色固体或粉末,是一种古老的杀菌剂,并具有杀螨和杀虫作用。其杀菌效果与温度和蒸气压有密切关系,温度越高,蒸气压越大,药效越好,但也容易出现药害。在气温高于30℃时,对大多数果树都会产生药害。加工制剂粉粒越细,黏着性越好,喷在植物上耐雨水冲刷,防治效果越好。在正常情况下使用,对作物不产生药害。

**【毒 性】** 对人、畜安全,对水生生物低毒,对蜜蜂几乎无毒,在环境中无残留。硫的氧化物二氧化硫对人有强烈的毒害作用。

**【常用剂型】** 45%、50%悬浮剂。

**【防治对象及使用方法】** 硫黄可广泛用于防治果树的多种病害,尤其对各种果树的白粉病有很好的防治效果,同时还可作为杀螨剂使用。

防治苹果白粉病,在苹果花芽萌动期,用50%悬浮剂200～250倍液喷雾;当落花达70%以上时,用50%悬浮剂300倍液喷雾。在发病严重的果园,于苹果落花后用300～400倍液再喷1次。可兼治山楂叶螨和二斑叶螨等害螨,还可兼治苹果花腐病。

防治葡萄白粉病,在葡萄展叶后病害发生初期,用50%悬浮剂300～400倍液喷雾。根据病害发生情况,可连续喷药2～3次,间隔期为10天左右。

防治梨树白粉病,在病害发生严重的梨园,于雨季到来前,用50%悬浮剂300～400倍液喷雾,以防病菌侵染。

防治杧果白粉病,分别在杧果新梢期、盛蕾期、始花期和幼果期,用45%悬浮剂200～300倍液各喷药1次。

防治其他果树白粉病,在病害发生初期,用50%悬浮剂200～400倍液喷雾,隔10～15天喷1次,连喷2～3次。

防治苹果和梨等果树的山楂叶螨与二斑叶螨,在越冬雌成螨出蛰期，用50%悬浮剂200倍液喷雾；在苹果落花后第一代若螨发生期，用300～400倍液喷雾。

防治柑橘锈螨和红蜘蛛等害螨，在锈螨发生初期和平均每片叶有红蜘蛛1头时，用50%悬浮剂300～500倍液喷雾。间隔7～10天喷1次，连喷2～3次。

**【注意事项】**　①药剂贮存期间会出现分层现象，使用时摇匀后再加水稀释，不影响药效。②气温在32℃以上易产生药害，4℃以下防效较差。在适宜温度范围内使用，气温高防效好。应避开中午施药，宜在早、晚用药。③不能与硫酸铜等含金属类药剂和矿物油混用，也不要在刚喷过这些药后立即施用。④本剂属保护剂，宜在病害发生初期喷药，且应使用2次以上。⑤桃、李、梨和葡萄等果树的某些品种，以及大豆与马铃薯等作物，对硫黄敏感，使用时应慎重。⑥宜贮存在干燥、通风良好的仓库中，严禁在阳光下暴晒。⑦施药时应严防药液由呼吸道吸入体内。

**【与硫黄复配的农药】**　如表39所示。

**表39　与硫黄复配的农药**

| 登记名称 | 含量及剂型 | 登记作物 | 防治对象 | 用药量 | 施用方法 |
|---|---|---|---|---|---|
| 硫黄·福美胂 | 40%可湿性粉剂 | 苹果树 | 腐烂病 | 50～100倍液 | 刮除病疤后涂抹 |
| 硫·酮·多菌灵 | 50%可湿性粉剂 | 苹果树 | 炭疽病 | 400～600倍液 | 喷雾 |
| 福·甲·硫黄 | 50%可湿性粉剂 | 苹果树 | 轮纹病 | 500～700倍液 | 喷雾 |

## 氯苯嘧啶醇

**【理化性质及特点】**　纯品为白色结晶体。微溶于水，溶于丙酮、乙腈、苯、氯仿和甲醇等多种有机溶剂。对酸、碱稳定，在阳光下迅速分解。对病害具有预防和治疗作用,可与多种杀菌剂、杀虫剂和植物生长调节剂混用。在我国最初登记商品名称为乐必耕。

**【毒　性】** 对人、畜低毒,对皮肤和眼睛无刺激作用。对鱼类毒性中等,对蜜蜂和鸟类毒性很低。美国规定该药在苹果中的最高残留限量为0.1毫克/千克,葡萄为0.05毫克/千克。

**【常用剂型】** 6%可湿性粉剂。

**【防治对象及使用方法】** 氯苯嘧啶醇为新型广谱性杀菌剂,可防治果树上的多种病害。

防治苹果黑星病和炭疽病,从病害发生初期开始,用6%可湿性粉剂4 000倍液喷雾,隔10～14天喷药1次,连续喷3～4次。

防治苹果白粉病,在苹果树开花前和落花后,用6%可湿性粉剂8 000倍液各喷药1次。

防治梨黑星病和锈病,从发病初期开始,用6%可湿性粉剂5 000倍液喷雾,隔10～14天再喷1次,连喷3次。最好与其他杀菌剂交替使用。

防治苹果轮纹病,从幼果期开始喷药,隔10～15天喷1次,喷药次数视降雨多少而定,降雨次数多应增加喷药次数,进入雨季,应与波尔多液交替使用。使用浓度为6%可湿性粉剂4 000倍液,可兼治苹果炭疽病等病害。

防治葡萄白粉病,从发病初期开始,用6%可湿性粉剂8 000倍液喷雾,每隔10天喷1次,共喷药4次。采收前9天停止用药。

防治梅黑星病和炭疽病,在发病初期用6%可湿性粉剂1 500～2 000倍液喷雾,间隔10～14天喷1次,连续喷施3～4次。

防治梅白粉病,在果树开花前喷药1次。在落花后每隔20天左右喷药1次,共喷5次。使用浓度为6%可湿性粉剂4 000倍液。

防治杧果白粉病,从发病初期开始至幼果形成初期止,每隔10天左右喷药1次,共喷2～4次。使用浓度为6%可湿性粉剂

4 000倍液。

**【注意事项】** ①施药时若不慎使药液接触了皮肤和眼睛，应立即用清水冲洗。②在苹果和梨树上的安全间隔期为 14 天，每年最多使用 3 次。③贮存时应远离火源，贮放于阴凉及儿童触及不到的地方。

## 咪鲜胺

**【理化性质及特点】** 纯品为无色结晶体，原药为浅棕色固体。微溶于水，溶于丙酮、二氯甲烷、乙醇、乙酸乙酯、甲苯和二甲苯等有机溶剂。药剂虽不具内吸作用，但有一定的传导性，对病害具有保护和铲除作用。在我国最初登记商品名称为施保克。

**【毒　性】** 对人、畜低毒，对鱼类等水生生物有毒。在柑橘类水果上的最高残留限量为 5 毫克/千克，杧果上为 2 毫克/千克，香蕉(全果)上为 8 毫克/千克。

**【常用剂型】** 450 克/升，25％、45％水乳剂，25％乳油，12％、45％微乳剂。

**【防治对象及使用方法】** 咪鲜胺是一种新型广谱性杀菌剂，对由子囊菌和半知菌引起的多种果树病害有特效。

防治柑橘贮藏病害，挑选采收后 24 小时内的无伤、无病果实，洗去果面上的灰尘和药迹，放入 25％乳油 450～900 倍液中浸 1～2 分钟。捞起晾干，低温贮藏。可抑制青霉病、绿霉病、炭疽病、蒂腐病和黑腐病等病害。还可延长贮藏时间。

防治柑橘炭疽病，在发病前或发病初期，用 25％乳油 500～1 000倍液喷雾。隔 10～15 天喷 1 次，共喷 3～4 次。

防治杧果炭疽病，在花蕾期和始花期，用 25％乳油 500～1 000倍液各喷雾 1 次，以后隔 7 天喷 1 次，果实采收前 10 天再喷 1 次，从花蕾期至收获期共喷药 5～6 次。

杧果采后浸果防腐处理，挑选当天采收无伤口和无病斑的杧果，先用清水洗去果面上的灰尘和药迹，再放入25%乳油250～500倍液中浸1～2分钟，捞起晾干，室温贮藏，可抑制炭疽病发生，延长保存时间。

香蕉采后防腐，采果当天用45%水乳剂900～1800倍液浸果1分钟，捞起晾干，装箱贮藏，可抑制冠腐病和炭疽病。还可防治荔枝贮藏期的黑腐病。

**【注意事项】** ①与三唑酮、多菌灵、乙烯菌核利、异菌脲、腐霉利和十三吗啉等杀菌剂混配，均有明显的增效作用。②药剂对鱼等水生生物有毒，不得污染水域。③杧果处理后距上市时间至少要有7天。每年最多使用1次。④若药液溅入眼内，应立即用清水冲洗15分钟；若沾染皮肤，则用肥皂水清洗。严重者应立即送医院治疗。⑤该药剂应贮藏在干燥、通风、阴凉和儿童触及不到的地方。不要与食物、日用品和饲料等混放。

**【与咪鲜胺复配的农药】** 如表40所示。

表40 与咪鲜胺复配的农药

| 登记名称 | 含量及剂型 | 登记作物 | 防治对象 | 用药量 | 施用方法 |
| --- | --- | --- | --- | --- | --- |
| 咪鲜·异菌脲 | 16%悬浮剂 | 香蕉 | 冠腐病 | 340～400毫克/千克 | 浸果2分钟 |
| 咪鲜·抑霉唑 | 14%乳油 | 柑橘 | 青霉病 | 175～233毫克/千克 | 浸果 |
| 丙环·咪鲜胺 | 25%乳油 | 香蕉 | 黑星病 | 167～250毫克/千克 | 喷雾 |
| 腈菌·咪鲜胺 | 12.5%乳油 | 香蕉 | 叶斑病 | 600～800倍液 | 喷雾 |
| 戊唑·咪鲜胺 | 400克/升水乳剂 | 香蕉 | 黑星病 | 266.7～400毫克/千克 | 喷雾 |

## 嘧啶核苷类抗生素

**【理化性质及特点】** 原药为白色粉末。易溶于水，不溶于有机溶剂，在酸性和中性溶液中稳定，在碱性溶液中易分解。制剂为褐色液体，2 年内贮存稳定。对病害具有预防和治疗作用，还可刺激植物生长。最初登记商品名称为农抗 120。

**【毒　性】** 对人、畜低毒，对害虫天敌安全。

**【常用剂型】** 2%、4%水剂。

**【防治对象及使用方法】** 该药为广谱性杀菌剂，对许多植物病原菌有强烈的抑制作用，可防治果树的多种病害。

防治苹果、梨和山楂白粉病，在病害发生初期，用 4% 水剂 400～500 倍液喷雾，再感染时再喷药 1 次。

防治苹果轮纹病，从苹果落花后 10 天左右开始，用 40%水剂 600 倍液喷雾，隔 10 天左右喷 1 次。可与其他类杀菌剂交替使用。

防治苹果斑点落叶病，在苹果春梢生长期，发现病叶后用 4%水剂 600 倍液喷雾，连续喷 2～3 次。

防治苹果、梨果实病害，在果实套袋前，用 4%水剂 300～400 倍液喷雾，可有效减少果实病害的发生。

防治杧果炭疽病和白粉病，在病害发生期，用 2%水剂 500～600 倍液喷雾。隔 10～15 天喷 1 次。若发病严重，可间隔 7 天左右喷 1 次，增加喷药次数。

防治香蕉炭疽病，在发病初期，当病果率达 5%～10%时，用 2%水剂 200 倍液喷雾，隔 10～15 天再喷 1 次。若病情严重，间隔 7 天左右喷 1 次，并增加喷药次数。

防治葡萄白粉病，从发病初期开始，用 4% 水剂 400 倍液喷雾，隔 15～20 天喷 1 次，若病情严重，可缩短间隔期。此浓度还可防治葡萄灰霉病。

防治柑橘疮痂病，在幼果生长期，用 4%水剂 200～400 倍液喷雾。

柑橘贮藏保鲜，果实采收后，用 4%水剂 100～200 倍液洗果，晾干后贮藏,可减少贮藏病害的发生。

**【注意事项】** ①本剂可与多种农药混用,但不能与碱性农药混用。②如果发生中毒,应立即到医院诊治。③应将药剂贮藏在干燥、阴凉的仓库中。不要与食物、日用品一起贮存和运输。

## 嘧菌酯

**【理化性质及特点】** 纯品为白色固体,微溶于水,溶于乙酸已酯、已腈和二氯甲烷等有机溶剂。制剂为白色不透明黏状液体,对病害具有治疗和铲除作用,但不是专门治疗剂。其杀菌机制主要是影响病菌细胞的呼吸作用,使孢子萌发、菌丝生长和孢子形成受到抑制。与三唑类、二甲酰亚氨类杀菌剂、苯并咪唑类和苯胺类杀菌剂无交互抗性,可用于防治对其他杀菌剂产生抗性的菌株。在我国最初登记商品名称为阿米西达。

**【毒　性】** 对人、畜低毒,不会引起皮肤过敏,对兔的眼睛仅有轻微刺激作用,对其他非靶标生物和环境安全。对水生生物没有明显的危害。对鸟类毒性很低。在推荐用量下使用,对蜜蜂、蚯蚓以及多种节肢动物,包括步甲和寄生蜂都安全。在土壤中可通过微生物和光学过程迅速降解。正常耕作条件下,在土壤中的半衰期为1～4周,其自身及其代谢产物最终都被分解为二氧化碳。在食物中残留量非常低,有些甚至无检出。

**【常用剂型】** 25%悬浮剂。

**【防治对象及使用方法】** 嘧菌酯的杀菌谱很广,对子囊菌、担子菌、半知菌及卵菌纲中的大部分病原菌均有效。还具有提高产量,改善品质的作用。

防治柑橘疮痂病,保护春梢叶片,在春梢芽长2毫米左右尚未发病或发病初期喷药;保护果实,从谢花后幼果期,果实尚未发病或发病初期开始喷药。用25%悬浮剂1 250倍液均匀喷雾于嫩梢和幼果上。每隔10天左右喷药1次,连续喷2～3次。

防治柑橘炭疽病，在果实接近成熟期，尚未发病或发病初期，用25%悬浮剂1250倍液均匀喷雾于果实上。每隔10～15天喷药1次，连续喷2～3次。对防治黑星病也有效。

防治荔枝霜疫霉病，在第一、第二次生理落果后，果实转色期和采收前15天，分别用25%悬浮剂1 500倍液喷雾。

防治杧果炭疽病，用25%悬浮剂1 500倍液从发病初期开始喷雾，隔7天左右喷药1次，连续喷3次。在果实采收前喷施，可改善果色，减少果实炭疽病的发生，并可延长果实贮存期7～15天。

防治香蕉叶斑病，在发病初期，用25%悬浮剂1 500倍液喷雾，能有效控制病害发展。

防治葡萄霜霉病、白粉病、枝枯病、黑腐病和褐斑病等，在病害发生初期，用25%悬浮剂1 000～2 000倍液喷雾。

防治梨黑星病、黑斑病、轮纹病和苹果黑星病，用25%悬浮剂1 250～2 500倍液于发病初期开始喷雾。采用这种浓度还可防治核桃黑星病、桃褐腐病和桃疮痂病等。

此外，还可用25%悬浮剂1 500倍液在石榴果实生长期喷雾，间隔20天，共喷施2次，可使叶色浓绿、光亮，果实无病斑。用此浓度在大枣花前、盛花期、果实膨大期和翠果期喷施，能明显减少病果的发生。

**【注意事项】** ①在病害发生初期和作物生长旺盛期使用。②每个生长季用药不超过3次。应与其他杀菌剂轮换使用。③该药剂能被植物吸收并在体内传导，施药后2小时降雨不影响药效。

与嘧菌酯复配的农药，有嘧菌·百菌清560克/升悬浮剂，用于防治荔枝霜疫霉病，用药剂量为560～1 120毫克/千克。

## 氢氧化铜

**【理化性质及特点】** 制剂为蓝绿色固体。微溶于水，溶于酸和氨水，不溶于有机溶剂。主要是通过铜离子起杀菌作用。

**【毒　性】** 氢氧化铜为低毒杀菌剂，对鱼类及水生动物有毒。在柑橘上的最高残留限量为0.1毫克/千克。

**【常用剂型】** 77%可湿性粉剂，53.8%、61.4%悬浮剂。

**【防治对象及使用方法】** 氢氧化铜是保护性杀菌剂，应在病害发生前和发病初期使用。

防治葡萄病害，用77%可湿性粉剂250～500倍液防治葡萄霜霉病，并可兼治葡萄炭疽病、白粉病和黑痘病等其他病害。

防治苹果斑点落叶病，梨树黑斑病和锈病等病害，在病害发生初期，用77%可湿性粉剂250～500倍液喷雾。

防治柑橘溃疡病，在新梢长1.5～3厘米时喷第一次药，叶片转绿时喷第二次药；保护幼果则在谢花后10天、30天和50天各喷药1次。用77%可湿性粉剂400～600倍液喷雾。该药此浓度的溶液，还可防治柑橘炭疽病、疮痂病和黑星病等病害。

防治杧果细菌性黑斑病和炭疽病，从发病初期开始，用77%可湿性粉剂400～500倍液喷雾，连续喷雾4～5次。

防治荔枝霜疫霉病，一般在幼果期和果实成熟前15天各喷药1次。若遇梅雨季节和经常性闷热雷雨天气，可适当增加喷药次数。使用浓度为77%可湿性粉剂1 000～1 200倍液。

防治香蕉叶斑病，在发病前和发病初期，用77%可湿性粉剂1 000～1 200倍液喷雾，隔10天再喷1次。

**【注意事项】** ①不能与强酸、强碱性物质和乙膦铝等农药混用。与三唑类农药混用要先做试验。②在苹果和梨的花期和幼果期禁用。桃、李、杏等核果类果树对铜敏感，也不宜使用。高温高湿天气勿施药。③本品对鱼类和水生生物有毒，应避免药液污染水源。④避免药液接触身体。喷药结束后，用肥皂水和清水清洗身体裸露部位。⑤我国规定该药的柑橘安全间隔期为30天，每年最多使用5次。⑥该药剂应贮存于干燥、阴凉、通风和儿童触及不到的地方。要远离食品和饲料。

## 氰霜唑

**【理化性质及特点】** 原药为白色无嗅粉状固体。微溶于水，溶于丙酮和乙腈等有机溶剂。制剂外观为白色悬浮液，使用时需充分摇匀。氰霜唑为磺胺咪唑类杀菌剂，对卵菌纲真菌有很高的生物活性，使用剂量低，与其他杀菌剂无交互抗性。对作物安全，未见药害。在我国最初登记商品名称为科佳。

**【毒　性】** 对人、畜低毒，对兔眼睛、皮肤无刺激。

**【常用剂型】** 100 克/升悬浮剂。

**【防治对象和使用方法】** 该药为新型保护性杀菌剂，在发病前施用，能防止病菌侵入。

防治葡萄霜霉病，在病害发生初期，用 100 克/升悬浮剂2 000～2 500 倍液喷雾。

防治荔枝霜疫霉病，在花穗生长至 3 厘米左右时，用 100 克/升悬浮剂 2 000～2 500 倍液喷雾。以后分别在始花期、谢花期、果实长至中指大小时和着色期，各喷药 1 次。

**【注意事项】** ①施药时应均匀喷雾，喷药量应根据对象作物的生长情况、栽培密度等进行调整。②如药液溅入眼睛，可用清水直接冲洗。③应将该药剂密封贮存于阴凉处，避免与食物接触。

## 噻菌灵

**【理化性质及特点】** 纯品为白色无味粉末。在室温下不挥发，在水及酸、碱溶液中均稳定。药剂具有保护和治疗作用，可用作叶面喷雾，根施可向顶端传导，但不能向基部传导。对病原菌不易产生抗药性，与其他苯并咪唑类杀菌剂有交互抗性。在我国最初登记商品名称为特克多。

**【毒　性】** 对人、畜低毒，对鱼类有毒，对兔眼睛有轻微刺激性，对皮肤无刺激作用，对鸟类安全。在柑橘(全果)和苹果上的最高残留限量为10毫克/千克，香蕉(全果)为0.4毫克/千克。

**【常用剂型】** 42%、45%悬浮剂，60%可湿性粉剂。

**【防治对象及使用方法】** 噻菌灵是一种内吸性广谱杀菌剂，对由子囊菌、担子菌和半知菌引起的病害均有效。

防治苹果和梨的青霉病、炭疽病与黑星病，在果实生长后期，用45%悬浮剂1 000倍液喷雾。在苹果采收后，用45%悬浮剂900倍液浸果，可防治贮藏期的青霉病、绿霉病、脐腐病和灰霉病等病害。

防治葡萄灰霉病，在病害发生期，用45%悬浮剂333～500倍液喷雾。

柑橘采收后防腐，挑选24小时内采收的无伤口、无病斑果实，用45%悬浮剂300～450倍液浸果1～3分钟，捞出晾干，约1周后进行单果包装，低温保存，可控制青霉病、绿霉病、蒂腐病、黑腐病等病害发生。

防治香蕉叶斑病及采后防腐，在病害发生初期，用60%可湿性粉剂2 000倍液喷雾，每隔15天左右喷1次，直到抽蕾。挑选当天采收的无伤香蕉，在自来水中洗去粉尘和果实端部残存花器，用45%悬浮剂600～900倍液浸1～3分钟，捞起晾干后装筐贮运。可控制贮运期间冠腐病的发生。对炭疽病也有防治效果。

防治杧果炭疽病，果实采收后，用45%悬浮剂180～450倍液浸果，可防治杧果贮藏期间炭疽病的发生，延长贮藏时间。

防治龙眼果实采后病害酸腐病和蒂腐病等，在果实采收后，用45%悬浮剂处理，然后用聚乙烯薄膜袋包装，在常温下贮藏，可防止褐变和腐烂。本剂还可用于杧果、菠萝、荔枝和葡萄的贮藏保鲜。

**【注意事项】** ①不能与碱性或含铜药剂混用。②施药时不要污染鱼塘和水源。③在柑橘和香蕉上的安全间隔期为10天，每年最多使用1次。

## 噻霉酮

**【理化性质及特点】** 原药为浅黄色粉末，微溶于水。制剂外观为微黄色均相液体。最初使用的商品名称为菌立灭。

**【毒　性】** 对高等动物低毒。

**【常用剂型】** 1.6％涂抹剂，1.5％水乳剂。

**【防治对象和使用方法】** 该药是一种新型广谱性杀菌剂，对真菌性病害具有预防和治疗作用。

防治苹果腐烂病，用刀将腐烂病病斑刮净，然后用毛刷将药液均匀涂在病疤处。使用剂量为 16％涂抹剂 1.28～1.92 克/米$^2$。

防治苹果轮纹病，从苹果落花后 15 天开始，用 1.5％水乳剂 600～750 倍液喷雾。每次降雨后都要喷药 1 次，并与波尔多液和其他保护性杀菌剂交替使用。

防治梨黑星病，从幼果生长期开始，用 1.5％水乳剂 800～1 000倍液喷雾，间隔 10 天左右喷 1 次。

防治柑橘炭疽病，在发病前和发病初期，用 1.5％水乳剂 800 倍液喷雾。

**【注意事项】** ①喷药务求细致周到，才能获得较好的防治效果。②施药时如药液溅入眼睛，可用清水清洗。喷药结束后，用肥皂水和清水清洗身体裸露部位。③药剂应贮存于干燥、阴凉、通风和儿童触及不到的地方。要远离食品和饲料。

## 三乙膦酸铝

**【理化性质及特点】** 原药为白色粉末。易溶于水，难溶于一般有机溶剂。常温条件下贮存稳定，挥发性小，遇强酸、强碱易分解。药剂具有很好的内吸性，能在植物体内上下传导，具有保护和治疗作用。

**【毒　性】** 对人、畜低毒，对皮肤无刺激性，对鱼低毒，对蜜蜂和野生动物安全。

**【常用剂型】** 40%、80%可湿性粉剂,90%可溶性粉剂。

**【防治对象及使用方法】** 三乙膦酸铝为广谱性杀菌剂,用于防治多种果树的病害。

防治葡萄霜霉病,在发病初期,用 80%可湿性粉剂 600～800 倍液喷雾,以后每隔 7～10 天喷 1 次,连续喷 2～3 次。

防治柑橘病害,用 80%可湿性粉剂 200～400 倍液在苗期喷雾,可防治苗疫病和立枯病;防治柑橘脚腐病,可用利刀纵刻病部后涂抹 100 倍液,有较好的防治效果。

防治荔枝、龙眼霜疫霉病,在发病初期,用 80%可湿性粉剂 600～800 倍液,或 90%可溶性粉剂 500～600 倍液喷雾。间隔 15 天喷 1 次,连喷 2～3 次。喷雾时最好连树冠下的地面一起喷洒。

防治菠萝心腐病,用 80%可湿性粉剂 300～500 倍液喷雾或灌根。

**【注意事项】** ①不能与酸性、碱性农药混用,以免分解失效。②施药时要注意防护。施药后要用肥皂水清洗身体裸露部位。③在贮运过程中注意防潮。如吸潮结块,不影响药效。

**【与三乙膦酸铝复配的农药】** 如表 41 所示。

**表 41 与三乙膦酸铝复配的农药**

| 登记名称 | 含量及剂型 | 登记作物 | 防治对象 | 用药量 | 施用方法 |
| --- | --- | --- | --- | --- | --- |
| 乙铝·多菌灵 | 60%可湿性粉剂 | 苹果树 | 轮纹病、斑点落叶病 | 300～600 倍液 | 喷雾 |
| 甲霜·乙膦铝 | 50%可湿性粉剂 | 葡萄 | 霜霉病 | 750～1000 倍液 | 喷雾 |
| 氟吗·乙铝 | 50%水分散粒剂 | 荔枝 | 霜疫霉病 | 600～800 毫克/千克 | 喷雾 |
| 乙铝·福美双 | 80%可湿性粉剂 | 苹果树 | 炭疽病 | 1000～1333 毫克/千克 | 喷雾 |

## 三 唑 酮

**【理化性质及特点】** 纯品为无色结晶，原粉为白色至淡黄色固体。微溶于水，溶于环己铜、二氯甲烷、异丙酮和甲苯等有机溶剂。对酸、碱稳定，在塘水中半衰期为6～8天。三唑酮是一种内吸性强的杀菌剂，能够在植物体内传导，根部吸收后向顶部传导能力强，其作用机制是抑制病菌麦角甾醇的生物合成。

**【毒 性】** 对人、畜低毒，对皮肤有短时间的过敏反应，对眼睛无刺激作用，对鸟类、鱼和蜜蜂等低毒。在果实中的最高残留限量为苹果0.5毫克/千克，葡萄2毫克/千克，黑穗醋栗1毫克/千克。

**【常用剂型】** 15%、25%可湿性粉剂，20%乳油。

**【防治对象及使用方法】** 三唑酮对病害具有预防、铲除和治疗作用，可与多种有机合成杀菌剂或杀虫剂混用，防治多种果树病害。

防治苹果及山楂白粉病，在果树展叶后病害发生初期，用20%乳油1 500～2 500倍液喷雾。防治梨树白粉病，使用浓度为800～1 000倍液。

防治苹果炭疽病，在幼果生长期，用25%可湿性粉剂1 000～1 500倍液喷雾。间隔15～20天喷药1次，连续喷2～3次。

防治梨及山楂锈病，从果树展叶至落花后，用25%可湿性粉剂1 500～2 500倍液喷雾，隔15～20天喷1次药，连续喷2～3次。

防治苹果和梨黑星病，在田间初见病斑时，用25%可湿性粉剂1 500～2 500倍液喷雾，以后视降雨情况决定喷药次数，并与其他药剂交替使用。

防治柑橘病害，防治贮藏期青、绿霉病，用20%乳油1 500～2 500倍液浸果，晾干后贮藏，有较好的防腐作用。防治柑橘白粉病，用25%可湿性粉剂1 000～1 500倍液，在发病期间及时喷药保护。

防治凤梨黑腐病，用20%乳油600～800倍液，于发病前或发病初期喷雾。

防治葡萄白粉病，在田间发现病叶时开始喷药，再感染时第二次喷药，用15%可湿性粉剂1000倍液喷雾，共1～2次。

防治杧果白粉病，在病害发生初期，用20%乳油1000倍液喷雾。

防治贵州刺梨白粉病和黑穗醋栗白粉病，用20%乳油1500～2000倍液，或15%可湿性粉剂1000～1200倍液喷雾。

防治山核桃树叶褐斑病，用20%乳油1500倍液喷雾，间隔5～7天喷1次，连续喷3次。

**【注意事项】** ①不能与强碱性农药混用。为延缓病菌产生抗药性，应与其他杀菌剂轮换使用。②严格按推荐剂量用药，否则易产生药害。药害表现为植株生长缓慢，株型矮化，叶片变小，颜色深绿等，严重时生长停滞。③在果实采收前15～20天停止喷药。④药剂对皮肤有轻度刺激作用，施药时要注意防护。误食后会引起呕吐、激动和昏晕等症状，应立即去医院。

**【与三唑酮复配的农药】** 如表42所示。

**表42　与三唑酮复配的农药**

| 登记名称 | 含量及剂型 | 登记作物 | 防治对象 | 用药量 | 施用方法 |
|---|---|---|---|---|---|
| 唑酮·福美双 | 40%可湿性粉剂 | 苹果树 | 炭疽病 | 500～667毫克/千克 | 喷雾 |
| 锰锌·三唑酮 | 33%可湿性粉剂 | 梨树 | 黑星病 | 800～1200倍液 | 喷雾 |
| 硫·酮·多菌灵 | 50可湿性粉剂 | 苹果树 | 炭疽病 | 400～600倍液 | 喷雾 |
| 多·酮·福美双 | 38%可湿性粉剂 | 苹果树 | 轮纹病 | 400～600倍液 | 喷雾 |

## 石硫合剂

**【理化性质及特点】** 石硫合剂是由生石灰、硫黄和水熬制而成的液体，工业品为固体。自制石硫合剂母液呈酱油色，有很浓的臭鸡蛋味。主要成分为五硫化钙，并含有较多硫化钙和少量硫酸钙与亚硫酸钙。药剂呈碱性，遇酸易分解，在空气中易被氧化。药液喷到植物上会发生一系列化学反应，形成微细的硫黄沉淀，并放出少量硫化氢而起杀菌作用。石硫合剂兼有杀虫和杀螨作用。

**【毒　性】** 石硫合剂为低毒杀菌剂，对人体皮肤有强烈的腐蚀性，对眼和鼻有刺激性。

**【常用剂型】** 45％结晶，20％膏体，29％水剂，自制的石硫合剂原液一般在22～30波美度。

**【防治对象和使用方法】** 一般在果树发芽前使用。在果树生长期使用应降低浓度。对一些敏感果树，在生长期不宜使用。在落叶果树发芽前，用3～5波美度石硫合剂喷雾，能够杀死在树体上越冬的多种病菌，如腐烂病菌、轮纹病菌、干腐病菌、炭疽病菌、白粉病菌、花腐病菌、黑星病菌和黑斑病菌等，还能杀死在树干、树枝上越冬的介壳虫和害螨等害虫。

防治苹果腐烂病，先用快刀将腐烂病病疤刮除，然后用10波美度石硫合剂涂抹刮后的伤口，或直接在病疤上划道，然后用原液加2％平平加涂刷病部。

防治苹果白粉病和花腐病，于果树开花前和落花后，用0.3～0.5波美度药液喷雾。

防治山楂白粉病，在山楂树花蕾期，用0.5波美度药液喷雾，在落花后和幼果期用0.3波美度石硫合剂分别喷雾1次。

防治山楂花腐病，在山楂树展叶后，用0.3～0.4波美度药液喷雾，可控制病害发展。

防治桃褐腐病、缩叶病和炭疽病等病害，在桃树发芽前用4～

5 波美度药液喷雾，在生长期可用 0.3～0.4 波美度喷雾。

防治葡萄白粉病、黑痘病和褐斑病，在春季芽鳞膨大尚未绽绿时，用 2～5 波美度药液喷雾。

防治柑橘白粉病、疮痂病、黑星病和溃疡病等，在发病期间用 0.3～0.5 波美度药液喷雾，间隔 10 天左右喷 1 次，连喷 3 次。

防治柑橘膏药病，可用 1 波美度石硫合剂涂病部。

防治杧果白粉病，春、秋季可用 0.4～0.5 波美度药液，夏季用 0.2～0.3 波美度药液，冬季清园用 0.8～2 波美度药液喷雾。

防治枇杷灰斑病，在采果后至孕蕾前用 0.3～0.5 波美度药液喷雾。

防治苹果、梨树上的山楂叶螨、梨圆蚧、梨潜叶壁虱以及桃树上的桑白蚧、柿树上的柿绵蚧等害虫，在果树发芽前喷布 4～5 波美度石硫合剂。

**【注意事项】** ①药剂对金属容器有腐蚀性，在空气中易被氧化，故熬制和贮存时不能用铜器。在低温、阴凉条件下密封贮存。开封后应尽量早用完。②不能与忌碱性农药混用，也不能与肥皂制剂、机油乳剂、铜制剂和波尔多液等混用。石硫合剂与波尔多液的喷药间隔期为 10～15 天。气温高于 30℃时不宜使用。③药剂对人体皮肤有腐蚀性，原液溅到皮肤上应及时用清水洗净。④桃、李、梅、梨和葡萄等果树的部分品种，马铃薯、生姜、番茄、黄瓜、甜瓜、葱和杜鹃等作物对本剂敏感，在这些果园或果园间作敏感作物时应慎用。

## 双胍三辛烷基苯磺酸盐

**【理化性质及特点】** 纯品为白色粉末。在水中溶解度低，易溶于甲醇、乙醇和异丙醇等有机溶剂。原药为棕色固体，制剂外观为白色粉末，常温下贮存稳定性好。在旱地土壤中的半衰期为 80～140 天。其作用机制主要是抑制病菌孢子的萌发和芽管的伸长。在我国最初登记的商品名为百可得。

**【毒 性】** 对人、畜和鱼类、蜜蜂与鸟类低毒。在柑橘(全果)上的最高残留限量为4毫克/千克,果肉为1毫克/千克;在苹果(全果)上为1毫克/千克。

**【常用剂型】** 40%可湿性粉剂。

**【防治对象及使用方法】** 该药为新型保护性广谱杀菌剂,对多种植物病害有很好的防治效果。

防治苹果斑点落叶病,在苹果春梢生长期,当田间发现病叶时,用40%可湿性粉剂1000~1500倍液喷雾。间隔10~15天喷药1次,连续喷2~3次。

防治葡萄病害,防治霜霉病,在病害发生初期,用40%可湿性粉剂1500~2000倍液喷雾。防治葡萄炭疽病,从发病初期开始,用40%可湿性粉剂1000~1500倍液喷雾,连续喷2~3次,间隔期为10~15天。可与其他杀菌剂交替使用。

防治梨树病害,防治梨黑星病,在梨树落花后出现病梢时开始喷药;防治梨轮纹病,从果实膨大期开始喷药。间隔10~15天喷1次,可兼治梨黑斑病,使用浓度为40%可湿性粉剂1000倍液。

防治柑橘贮藏期病害,采果1~3天内选取无伤果,清除表皮上的灰尘,用40%可湿性粉剂1000~2000倍液浸果1分钟,捞出晾干,单果包装,低温贮藏。

防治桃黑星病和灰星病,猕猴桃果实软腐病等,在病害发生初期,用40%可湿性粉剂1500~2500倍液喷雾。

**【注意事项】** ①本品对蚕有毒,喷雾时不要污染桑树。②不能与强酸或强碱性农药如波尔多液混用。在发病初期施药效果好。③用该药处理柑橘后,其距上市的时间至少为60天,每年限用1次。在苹果落花后20天内喷雾,会造成"锈果",因此不要在此期间使用。该药在苹果上的安全间隔期为21天,每年最多使用3次。④宜在早、晚气温低、风速小时施药。晴天上午9时至下午

5 时,气温高于 28℃,空气相对湿度低于 65%,风速大于每秒 5 米时,不宜施药。

## 双胍辛胺

**【理化性质及特点】** 原药为棕色固体,溶于水和部分有机溶剂。其三乙酸盐原药为黄色液体,作用方式是抑制病菌类脂的生物合成。在我国登记的商品名称为培福朗或别腐烂。

**【毒　性】** 对人、畜毒性中等,对皮肤、眼有刺激作用,对鱼类、蜜蜂和鸟类低毒。巴西、瑞典和日本规定该药在柑橘上的最高残留限量为 0.2 毫克/千克。

**【常用剂型】** 25%水剂,3%糊剂(涂布剂)。

**【防治对象及使用方法】** 该药是一种广谱性杀菌剂,局部渗透性较强,对大多数由子囊菌和半知菌引起的真菌病害有很好的防治效果。

防治苹果腐烂病,在春季果树发芽前,先用刀刮除腐烂病病斑,用毛刷蘸取 25%水剂 250～500 倍液涂刷病疤。也可用 3%糊剂涂抹病疤。为防止病斑复发,秋季再在病疤上涂药 1 次。

防治苹果斑点落叶病,在春梢生长期,发现病叶时用 25%水剂 800 倍液喷雾 1～2 次,最好与其他杀菌剂轮换使用。

防治葡萄黑痘病,在葡萄发芽前用 25%水剂 300 倍液喷雾。防治葡萄白腐病,在田间发现病粒时,用 25%水剂 800～1 000 倍液喷雾,15 天左右喷 1 次。

柑橘果实防腐,果实采后 1 天内,挑选无机械伤口、无病斑的果实,用 25%水剂 2 000～4 000 倍液浸果,可防治柑橘贮藏病害,特别对青霉病、绿霉病和酸腐病,防治效果好。

**【注意事项】** ①本品无特效解毒剂,若不慎将药液溅入眼内或接触皮肤,应立即用清水冲洗。若误服应催吐后静卧,并马上求医治疗。②应贮存在远离食物、饲料和儿童接触不到的地方。

## 戊唑醇

**【理化性质及特点】** 纯品为无色晶体,微溶于水、甲苯和二氯甲烷。本品属三唑类杀菌剂,是甾醇脱甲基化抑制剂。具有内吸性,既可杀灭附着在种子和植物表面的病菌,也可在植物体内向顶部传导,杀灭已侵入的病菌。

**【毒 性】** 对高等动物低毒。

**【常用剂型】** 20%、80%可湿性粉剂,70%、80%水分散粒剂,12.5%、25%水乳剂,30%、43%悬浮剂,25%乳油。

**【防治对象和使用方法】** 戊唑醇是广谱性高效杀菌剂,持效期长,具有保护、治疗作用,既可用于喷雾,也可用于拌种。

防治梨黑星病,在发病初期,用43%悬浮剂3 000～4 000倍液喷雾。

防治苹果斑点落叶病,用25%水乳剂2 000～2 500倍液喷雾。

防治苹果轮纹病,用43%悬浮剂3 000～4 000倍液喷雾。

防治葡萄白腐病和黑痘病,用25%水乳剂1 000～2 000倍液喷雾。

防治香蕉叶斑病,在发病初期,用25%乳油1 000～1 500倍液喷雾,每隔10天喷1次,共喷4次。

**【注意事项】** ①药剂对水生生物有害,不得污染水源。②施药时应穿防护衣服,施药后应用肥皂和清水洗脸、手和身体裸露部位。③应将药剂贮存于干燥、通风、阴凉和儿童触及不到的地方。④用药剂处理过的种子,严禁食用或饲喂牲畜。

**【与戊唑醇复配的农药】** 如表43所示。

**表43 与戊唑醇复配的农药**

| 登记名称 | 含量及剂型 | 登记作物 | 防治对象 | 用药量 | 施用方法 |
| --- | --- | --- | --- | --- | --- |
| 戊唑·多菌灵 | 20%、30%可湿性粉剂 | 苹果 | 斑点落叶病、轮纹病 | 100～200,375～500毫克/千克 | 喷雾 |

表 43　与戊唑醇复配的农药

| 登记名称 | 含量及剂型 | 登记作物 | 防治对象 | 用药量 | 施用方法 |
|---|---|---|---|---|---|
| 戊唑·多菌灵 | 30%悬浮剂 | 苹果、葡萄 | 轮纹病、白腐病 | 375～500,250～375毫克/千克 | 喷雾 |
| 戊唑·丙森锌 | 65%可湿性粉剂 | 苹果 | 斑点落叶病 | 433～722毫克/千克 | 喷雾 |
| 代锰·戊唑醇 | 25%可湿性粉剂 | 苹果 | 斑点落叶病 | 333～500毫克/千克 | 喷雾 |
| 克菌·戊唑醇 | 400克/升悬浮剂 | 苹果、葡萄 | 轮纹病、炭疽病、白腐病、霜霉病 | 267～400毫克/千克 | 喷雾 |
| 戊唑·米鲜胺 | 400克/升水乳剂 | 香蕉 | 黑星病 | 266.7～400毫克/千克 | 喷雾 |

## 烯酰吗啉

**【理化性质及特点】** 纯品为无色结晶，微溶于水，溶于丙酮、乙醇和芳香类有机溶剂。该药剂为内吸性杀菌剂，具有保护和治疗作用。其作用特点是破坏细胞壁膜的形成，对病菌的各个阶段都有作用，在孢子囊梗和卵孢子的形成阶段尤为敏感。与苯基酰胺类药剂无交互抗性。在我国最初登记商品名称为安克。

**【毒　性】** 为低毒杀菌剂，对蜜蜂和鸟类低毒，对鱼类毒性中等。

**【常用剂型】** 50%可湿性粉剂。

**【防治对象及使用方法】** 对霜霉属和疫霉属病菌引起的病害，有很好的防治效果。通常与代森锰锌等保护性杀菌剂混合使用，以使病菌延缓产生抗药性。

防治葡萄霜霉病，在病菌侵染初期，用50%可湿性粉剂1 000倍液喷雾，以后每隔15天左右喷1次，连续喷2～3次。与保护性杀菌剂如代森锰锌等混用，防治效果更好。

防治荔枝和龙眼霜霉病，喷药时期和浓度与防治葡萄霜霉病相同。

**【注意事项】** ①应与其他类型药剂交替使用，以免病菌产生抗药性。②药剂对眼有轻微刺激作用，一旦溅入眼睛应立即用清水冲洗。施药后应用清水或肥皂水彻底冲洗污染的皮肤。若误服，应立即催吐。若吸入，应远离污染区，将患者移至新鲜空气处。

与烯酰吗啉复配的农药，有烯酰·福美双50%可湿性粉剂，用于防治荔枝霜疫霉病，用药剂量为333.3～500毫克/千克；还有烯酰·松铜25%水乳剂，用于防治葡萄霜霉病，用药剂量为300～375克/公顷。

## 烯唑醇

**【理化性质及特点】** 原药为白色结晶固体，通常条件下贮存稳定，在光、热和潮湿条件下也稳定。药剂具有很好的内吸性，有向顶部传导作用，是麦角甾醇生物合成抑制剂，并具有保护、治疗和铲除作用。在我国最初登记商品名称为速保利。

**【毒　性】** 烯唑醇为低毒杀菌剂，对皮肤无刺激作用，对眼睛有轻微刺激。该药剂在苹果、梨、葡萄上的最高残留限量为0.1毫克/千克。

**【常用剂型】** 12.5%可湿性粉剂。

**【防治对象及使用方法】** 烯唑醇属内吸性广谱杀菌剂，对防治子囊菌、担子菌和半知菌引起的病害有高效。

防治苹果、梨、葡萄和山楂白粉病，在病害发生初期，用12.5%可湿性粉剂3 000倍液喷雾，再感染时再喷1次药。

防治苹果和梨黑星病，在田间出现病叶或病梢时，用12.5%可湿性粉剂3 000倍液喷雾。以后视病情发展再次喷药。

防治苹果轮纹病，从病害发生初期开始，用12.5%可湿性粉剂2 000倍液喷雾。间隔15天左右喷1次，共喷3～4次。其间可与其他杀菌剂交替使用。

防治香蕉叶斑病，于发病初期开始施药，每667平方米用12.5%可湿性粉剂20～50克，加水喷雾，隔15天左右喷1次，连喷3～4次。

防治黑穗醋栗白粉病，在发病初期用12.5%可湿性粉剂2 500～4 000倍液喷雾。

防治葡萄黑腐病，在发病初期用12.5%可湿性粉剂3 000～4 000倍液喷雾，每隔10～15天喷1次，连续喷4～5次。

**【注意事项】** ①不能与碱性农药混用。②我国规定烯唑醇在苹果、梨和葡萄上的安全间隔期为21天。每年最多使用3次。③应严格遵守农药操作规程，施药结束后及时清洗。④应将药剂贮存在阴暗、干燥和通风处。

**【与烯唑醇复配的农药】** 如表44所示。

表44 与烯唑醇复配的农药

| 登记名称 | 含量及剂型 | 登记作物 | 防治对象 | 用药量 | 施用方法 |
|---|---|---|---|---|---|
| 烯唑·多菌灵 | 27%可湿性粉剂 | 梨 | 黑星病 | 180～337.5克/公顷 | 喷雾 |
| 烯唑·福美双 | 15%悬浮剂，42%可湿性粉剂 | 梨 | 黑星病 | 800～1200倍液，168～210毫克/千克 | 喷雾 |
| 锰锌·烯唑醇 | 32.5%可湿性粉剂 | 葡萄、梨 | 黑痘病、黑星病 | 400～600倍液 | 喷雾 |
| 烯唑·甲硫灵 | 47%可湿性粉剂 | 梨 | 黑星病 | 1500～2000倍液 | 喷雾 |

## 酰胺唑

**【理化性质及特点】** 纯品为浅黄色晶体，微溶于水，溶于大多数有机溶剂。在弱碱和光条件下稳定，在酸性和强碱条件下不稳定。药剂具有很好的内吸作用，并有保护和治疗作用。在我国最初登记商品名称为霉能灵。

**【毒 性】** 酰胺唑为低毒杀菌剂,对兔眼睛和皮肤无刺激作用。在梨上的最高残留限量为1毫克/千克。

**【常用剂型】** 5%可湿性粉剂。

**【防治对象及使用方法】** 该药属新型内吸性广谱杀菌剂,主要用于叶面喷雾,能有效防治由子囊菌、担子菌和半知菌引起的植物病害。

防治苹果和梨黑痘病,在病害发生初期,用5%可湿性粉剂1 000倍液喷雾,每隔7~10天喷1次,共喷药4~5次。应与其他药剂交替使用。

防治葡萄白粉病,在葡萄开花前至幼果期喷药2~3次,药剂使用浓度同上。

防治葡萄黑豆病,从葡萄展叶后至果实着色前,每10~15天喷药1次,共4~5次。降雨较多时,可适当增加喷药次数。使用浓度为5%可湿性粉剂800~1000倍液喷雾。

防治柑橘疮痂病,分别在春季嫩芽萌发后(芽长为0.5厘米)和花谢2/3时,用5%可湿性粉剂600~900倍液喷雾。以后每隔10天喷1次,共喷3~4次。此外,5~6月份多雨且气温不高的年份要适当增加喷药次数。

**【注意事项】** ①与其他农药混用需先做小范围试验。②鸭梨对药剂敏感,不宜施用。③若不慎将药液溅入眼睛内,应立即用清水冲洗。施药后要认真清洗手、脸和皮肤等裸露部位。④该药的安全间隔期,柑橘和葡萄为21天,梨为28天。

## 氧化亚铜

**【理化性质及特点】** 本品为黄色至红色粉末。不溶于水和有机溶剂,而溶于盐酸和氨水等。制剂为细微颗粒,具有很强的黏着性,喷到作物上易形成保护膜,耐雨水冲刷,释放出的铜离子与病原体作用,可有效抑制菌丝体的生长,破坏其生殖器官,起到杀菌作用。

**【毒　性】** 该药为低毒杀菌剂,对鱼类低毒,对兔皮肤和眼睛有轻微刺激,对鸟类、蜜蜂及蚯蚓无明显不良作用。

**【常用剂型】** 56%水分散粒剂,86.2%可湿性粉剂或干悬浮剂。

**【防治对象及使用方法】** 氧化亚铜属于保护性杀菌剂,用于防治多种果树病害。

防治葡萄霜霉病,在病害发生初期,用56%水分散粒剂500倍液喷雾,间隔7～10天喷1次,可兼治白腐病和黑痘病等其他病害。

在苹果生长期,用56%水分散粒剂500～600倍液喷雾,可防治苹果斑点落叶病和轮纹病等病害。

防治梨黑斑病,在病害发生初期,用56%水分散粒剂500倍液喷雾,间隔10天左右喷1次。

防治柑橘溃疡病,在柑橘夏梢、秋梢发病前,用86.2%可湿性粉剂或干悬浮剂800～1 200倍液喷雾;在发病初期用700～800倍液喷雾。隔7～10天喷1次。连续喷3～4次。

**【注意事项】** ①在果树幼果期和花期禁用。高温高湿条件下及对铜敏感的作物应慎用。②药液溅入眼中或沾染在皮肤上,要用大量清水冲洗。如误服,应服用解毒剂1%亚铁氰化钾溶液。③避免药液、废液流入鱼塘、河流等水域。④该药剂应贮放在儿童触及不到的地方。不能与食品、饲料同放。

## 异菌脲

**【理化性质及特点】** 本品为白色结晶。不易燃,常温下贮存稳定,在碱性条件下稳定。其杀菌机制是抑制真菌孢子的萌发及产生,也可控制菌丝体的生长。可以有效防治对苯并咪唑类杀菌剂产生抗性的病害。

**【毒　性】** 对人、畜低毒，对眼和皮肤无刺激作用。对鱼类、鸟类低毒，对蜜蜂无毒。在苹果上的最高残留限量为10毫克/千克，在香蕉全果上的最高残留限量为10毫克/千克。

**【常用剂型】** 50%粉剂，25%悬浮剂。

**【防治对象及使用方法】** 异菌脲是一种保护性广谱杀菌剂，对由灰葡萄孢属、核盘菌属、交链孢属、小菌核属真菌引起的病害，有很好的防治效果。

防治苹果斑点落叶病，在苹果春梢生长期，从病害发生前或发病初期开始喷药。春梢停止生长后及进入雨季时，应与波尔多液交替使用。使用浓度为50%可湿性粉剂1 000～1 500倍液。可兼治苹果轮纹病。

防治梨黑斑病，在发病重的果园，从发病初期开始喷药，1年需喷药多次，其间可与代森锰锌、波尔多液交替使用。使用浓度为50%可湿性粉剂1 000～1 500倍液。

防治苹果、梨、桃和葡萄等水果贮存期病害，在果实采收后，将水果放在50%可湿性粉剂1 000倍液中浸1分钟，取出晾干后再贮藏。

防治柑橘贮藏病害，采收后选取无机械损伤的果实，用50%可湿性粉剂500倍液，或25%悬浮剂250倍液，浸果1分钟左右，捞起晾干，低温保存，可控制青霉病和绿霉病的发生。

防治香蕉、杧果等水果贮藏期病害，如蒂腐病、青霉病、绿霉病、灰霉病和根霉病等。将水果放在50%可湿性粉剂500倍液中浸1分钟，取出晾干，包装贮藏。

防治葡萄灰霉病，在葡萄花托脱落期，葡萄穗停止生长、果实膨大期和采收前3周，各喷药1次，用50%可湿性粉剂1 000～2 000倍液均匀喷雾。

防治杏、樱桃和桃、李等果树的花腐病与灰霉病等病害，防治花腐病可于果树始花期和盛花期各喷药1次；防治灰霉病则于收获前视病情喷药1～2次。使用浓度为50%悬浮剂1 000～2 000倍液。

**【注意事项】** ①不能与强碱性或强酸性药剂混用；不能与腐霉利、乙烯菌核利等作用方式相同的杀菌剂混用或轮用，应与其他类型的杀菌剂交替使用，以免病菌产生抗药性。②我国规定异菌脲的安全间隔期为7天，每年最多使用3次；在香蕉上的安全间隔期为4天，每年最多使用1次。③施药过程中不得吸烟和饮食。若不慎接触药液，应立即清洗。④宜贮存于儿童触及不到、通风和干燥处。

**【与异菌脲复配的农药】** 如表45所示。

**表45 与异菌脲复配的农药**

| 登记名称 | 含量及剂型 | 登记作物 | 防治对象 | 用药量 | 施用方法 |
| --- | --- | --- | --- | --- | --- |
| 咪鲜·异菌脲 | 16%悬浮剂 | 香蕉树 | 冠腐病 | 340～400毫克/千克 | 浸果2分钟 |
| 异菌·多菌灵 | 52.5%、20%悬浮剂 | 苹果树 | 斑点落叶病、轮纹病 | 350～525毫克/千克，400～600倍液 | 喷雾 |
| 丙森·异菌脲 | 80%可湿性粉剂 | 苹果树 | 斑点落叶病 | 800～1000毫克/千克 | 喷雾 |
| 锰锌·异菌脲 | 50%可湿性粉剂 | 苹果树 | 斑点落叶病 | 625～833毫克/千克 | 喷雾 |
| 异菌·福美双 | 50%可湿性粉剂 | 苹果树 | 斑点落叶病 | 600～800倍液 | 喷雾 |

## 抑霉唑

**【理化性质及特点】** 纯品为黄色至棕色结晶。微溶于水，易溶于有机溶剂。在室温避光下保存稳定，对热稳定。抑霉唑硫酸盐为无色或米色粉末，易溶于水和乙醇，微溶于非极性有机溶剂。其作用机制是影响细胞膜的渗透性，从而破坏霉菌的细胞膜，抑制孢子形成，对抗苯并咪唑类药剂的青霉菌和绿霉菌，有较好的防治效果。

**【毒　性】** 抑霉唑为中等毒性杀菌剂，对兔皮肤和眼睛有轻微刺激性。

**【常用剂型】** 0.1％涂抹，30％膏剂，22.2％、47.2％乳油。

**【防治对象及使用方法】** 抑霉唑为内吸性杀菌剂，主要用于防治果实贮藏期病害。

防治苹果树腐烂病，将腐烂病疤彻底除干净后，用3％膏剂涂抹，用药量为6～9克/米$^2$。

防治柑橘果实贮藏病害，将当天采摘的果实在22.2％乳油500倍液内浸1分钟，可有效抑制青霉病和绿霉病的发生。亦可用0.1％涂抹剂进行涂抹，即先用清水清洗并擦干或晾干果实，用毛巾或海绵蘸原液均匀涂在果实上，晾干后贮藏。

香蕉、杧果、桃和李等果实采后用同样方法处理，也具有防腐保鲜效果。

**【注意事项】** ①操作时注意防止皮肤、眼睛接触药剂。施药后用肥皂水清洗手和脸。若误服，需大量饮水和催吐。吸入时，将患者移至空气清新处。②本剂属限制使用农药。应严格按照产品说明书使用。③柑橘处理后距上市的时间至少要有60天。最多使用1次，最高残留限量为全果5毫克/千克，果肉0.1毫克/千克。④药剂应贮藏在干燥、阴凉、通风及儿童触及不到的地方。

与抑霉唑复配的农药，有咪鲜·抑霉唑14％乳油，用600～800倍液浸果1分钟，可防治柑橘酸腐病、蒂腐病、绿霉病和青霉病等贮藏期病害。

## 中生菌素

**【理化性质及特点】** 原药为浅黄色粉末，易溶于水。制剂为褐色液体。该药剂是由链霉菌产生的一种新型农用抗生素，具有触杀和渗透作用。其作用机制是对细菌抑制其蛋白质的合成，导致菌体死亡；对真菌使菌丝变形，抑制孢子萌发，并能直接杀死孢子。

**【毒　性】** 中生菌素为低毒杀菌剂，对皮肤无刺激性，对眼睛有轻度刺激。

**【常用剂型】** 1%水剂，3%可湿性粉剂。

**【防治对象及使用方法】** 该药是一种保护性广谱杀菌剂，对植物细菌性病害和部分真菌病害均有很好的防治效果，与代森锰锌等药剂混用有明显的增效作用。

防治苹果霉心病，在苹果树开花期，用3%可湿性粉剂600～1 000倍液喷雾，连续2次，间隔期为10天左右。

防治苹果和梨轮纹病，从落花后10天左右开始喷药。在果树生长季可与其他类型杀菌剂交替使用。同时还可兼治苹果斑点落叶病、炭疽病、梨黑斑病和炭疽病等病害。使用浓度为3%可湿性粉剂400～600倍液。

防治苹果和梨黑点病，在果实套袋前用3%可湿性粉剂600～800倍液喷雾。

防治桃细菌性穿孔病，从发病初期(6月上旬)开始喷药，用3%可湿性粉剂400～600倍液喷雾，间隔10～15天喷1次，连续喷3～4次。可兼治桃褐腐病和其他真菌性病害。

防治柑橘类果树上的细菌性和真菌性病害，使用浓度为3%可湿性粉剂600～800倍液。

**【注意事项】** ①不可与碱性农药混用。②应与其他类杀菌剂交替使用。

# 第六章　植物生长调节剂

## 苄氨基嘌呤

**【理化性质及特点】** 纯品为白色针状结晶或类白色粉末，工业品为白色或浅黄色。难溶于水，可溶于碱性或酸性溶液。在酸、碱溶液中稳定，遇光、热不易分解。

**【毒　性】** 对人、畜低毒。

**【常用剂型】** 2%可溶液剂，99%原药。

**【适用果树和使用方法】** 苄氨基嘌呤是一种广谱性植物生长调节剂，商品名称为细胞分裂素，具有多种生理作用，常用于植物组织培养。可促进细胞分裂，促进非分化组织分化，促进细胞增大、增长，促进种子发芽，诱导休眠芽生长，打破顶端优势，促进侧芽生长和花芽形成，提高坐果率，促进果实生长等。与赤霉酸($GA_4$、$GA_7$)一起使用可改善苹果果形。

**(1)苹果** 在元帅和新红星苹果盛花期，用200毫克/千克溶液喷雾，可改善果形，使五棱突出，并可增加单果重。对红富士苹果也有改善果形的作用。

**(2)梨** 在鸭梨花蕾期、花期和幼果期，用300毫克/千克溶液各喷施或涂果1次，可使果实外形美观。

**(3)桃** 在桃树萌芽前，喷施200毫克/千克溶液，可提早萌芽和开花。

**(4)樱桃** 甜樱桃采收后，用10毫克/千克的溶液浸泡，可延长果实保鲜期。

**(5)葡萄** 用100毫克/千克溶液浸泡休眠枝条，可打破休眠，促使枝条萌芽。在白玉葡萄95%花开放时，用200毫克/千克加

200 毫克/千克 $GA_3$ 混合液浸泡花序，可提高无核率。

**(6)草莓**　用 10～50 毫克/千克溶液喷洒草莓幼果，可促进浆果膨大。

**(7)柑橘**　在柑橘落花达 70%～80%时，用 60 毫克/千克溶液喷布幼果，可防治柑橘第一次生理落果。用于防治脐橙和其他无核少核柑、橘、橙类的生理落果，可提高坐果率。用于防治温州蜜柑的异常落果，且有显著增大果型，提高果品级别的功效。

**【注意事项】**　①原药不溶于水，使用时先用少量盐酸并加热使之完全溶解，然后加水至所需浓度。②与 $GA_3$ 混合液点涂幼果时，最好点果柄，不宜涂果面。③用作绿叶保鲜时，可单独使用，但与 $GA_3$ 混合使用效果更好。④要避免药液沾染眼睛和皮肤。

**【与苄氨基嘌呤复配的植物生长调节剂】**　如表 46 所示。

**表 46　与苄氨基嘌呤复配的植物生长调节剂**

| 登记名称 | 含量及剂型 | 登记作物 | 防治对象 | 用药量 | 施用方法 |
|---|---|---|---|---|---|
| 苄氨.赤霉酸 | 3.6%乳油 | 苹果 | 调节生长 | 400～500 倍液 | 喷雾 |
| 苄氨.赤霉酸 | 3.8%乳油，3.6%液剂 | 苹果 | 调节果形 | 800～1000 倍液，75.24～112.86 克/公顷 | 喷雾 |
| 苄氨嘌.赤 | 3.6%液剂 | 苹果 | 调节生长 | 75.24～112.86 克/公顷 | 喷雾 |

## 赤霉酸

**【理化性质及特点】**　纯品为白色结晶，工业品为白色粉末。难溶于水、氯仿和苯等，易溶于醇类、丙酮等，其钾、钠盐易溶于水。在 pH 3～4 条件下，其水溶液稳定，在中性或微碱性条件下，稳定性明显下降，遇碱易分解。温度超过 60℃时分解失效，长期置于室温下，会失去活性，在低温干燥条件下能长期保存。

**【毒 性】** 对人、畜无毒。果实允许残留量为0.2毫克/千克。

**【常用剂型】** 4%乳油,40%可溶粒剂,20%可溶粉剂,2.7膏剂,75%、85%结晶粉。

**【适用果树和使用方法】** 赤霉酸也叫赤霉素,是植物体内普遍存在的一类内源激素,目前在各种植物体内已经发现100多种。人工生产的主要是赤霉酸 $A_3$($GA_3$)、赤霉酸 $A_4$($GA_4$)、赤霉酸 $A_7$($GA_7$)和 $GA_4+GA_7$ 的混合剂等。其中赤霉酸 $A_3$ 活性最高,应用最广。赤霉酸是广谱性植物生长调节剂,具有打破休眠,促进种子发芽,促进果实提早成熟,增加产量,调节开花,减少花、果脱落,延缓衰老和保鲜等多种功效。赤霉酸在果树上的适用情况如下。

**(1)苹果** 在金冠苹果盛花期喷布25毫克/千克、祝光盛花期和幼果期喷50毫克/千克、红玉盛花期100毫克/千克赤霉酸水溶液,均可明显提高坐果率。

**(2)梨** 在洋梨、京白梨萌芽期或盛花期,用20～50毫克/千克赤霉酸溶液喷雾,可提高坐果率。沙梨初蕾期喷布50毫克/千克赤霉酸溶液,可显著增加坐果。

**(3)桃** 用100～200毫克/千克赤霉酸溶液浸泡已层积好的种子24小时,可提高种子发芽率。

**(4)葡萄** 将葡萄种子浸泡在8000毫克/千克赤霉酸溶液中20小时,可打破种子休眠,促进发芽。在葡萄育苗期,用50～100毫克/升溶液喷雾,可促进苗木生长。在无核白葡萄花后1周内,用200毫克/千克赤霉酸溶液处理花穗,可使浆果明显增大,增加产量。在开花末期用100毫克/千克赤霉酸溶液处理无核葡萄,可增加产量。也可用赤霉酸处理无核白葡萄2次:第一次在盛花期,用2.5～20毫克/千克的浓度;在第一次处理后10～14天,用20～40毫克/千克的浓度再处理1次,可使果粒增大。用100毫克/千克赤霉酸溶液在玫瑰露葡萄开花前浸花穗1次,盛花后7～14天用同样浓度做第二次处理,可促进果粒增大,还可成为无核果,并且提前20多天成熟。对巨峰系葡萄品种,用较低浓度赤霉酸处理2次:第一次在盛花期至末花期,用15～25毫克/千克溶液进行处理;第二次于花后10～14天,用25毫克/千克溶液进行处理。第一次处理时可加入15毫克/千克防落酸,可以显著提高果穗整齐度,减少大小粒差异,增加着色,提早成熟,并且无核。

**(5)樱桃** 把采收的种子放在100毫克/千克赤霉酸溶液中浸泡24小时,或将种子在7℃条件下沙藏20～30天后,用1 000毫克/千克赤霉酸溶液浸泡24小时,可使种子萌发。在大樱桃盛花期喷布20～40毫克/千克赤霉酸溶液,或花后10天喷洒10毫克/千克赤霉酸溶液,可提高坐果率。在樱桃采收前20天,用10毫克/千克赤霉酸溶液喷洒果粒,能明显增加果实的产量。甜樱桃采收前20天喷1次5～10毫克/千克赤霉酸溶液,能明显减轻裂果的程度。

**(6)草莓** 用20～50毫克/千克赤霉酸溶液,在草莓花芽分化前2周喷施,能提早花芽分化时间。草莓开花前2周及开花前各喷1次10～20毫克/千克赤霉酸溶液,可提早开花。草莓苗长出2～3片新叶时,用100毫克/千克赤霉酸溶液喷雾,可明显促进匍匐茎生长和增加数量,加速快繁。

**(7)猕猴桃** 用500毫克/千克赤霉酸溶液浸泡种子24小时,可代替层积处理,促使种子发芽。

**(8)山楂** 山楂种子沙藏前,用100毫克/千克赤霉酸溶液浸泡经破壳处理的种子60小时,然后进行层积,翌年春季播种,可明显提高发芽率。山楂盛花期喷布50毫克/千克赤霉酸溶液,可明显提高坐果率并促进果实早熟。山楂盛花期和幼果期各喷1次10～100毫克/千克赤霉酸溶液,可增加单果重。

**(9)李** 在花期喷洒20毫克/千克,幼果期喷洒50毫克/千克的赤霉酸溶液,可减少落花落果。

**(10)杏** 在落花后5～10天,用10～50毫克/千克赤霉酸溶液或15～25毫克/千克赤霉酸溶液加1%蔗糖溶液和0.2%磷酸二氢钾溶液喷洒，可提高坐果率。

**(11)柿** 谢花后至幼果期，用500毫克/千克或1 000毫克/千克赤霉酸加15毫克/千克防落酸溶液喷布树冠，可提高坐果率，促进果实膨大。

**(12)枣** 用10～15毫克/千克赤霉酸溶液，在盛花初期或金丝小枣盛花期喷洒全树，可提高坐果率。

**(13)柑橘** 将柑橘种子在1 000毫克/千克赤霉酸溶液中浸泡24小时，可提高发芽率。在温州蜜柑果实直径约4厘米时，喷洒40～80毫克/千克赤霉酸溶液，可提高坐果率。在蕉柑盛花期和盛花后2周，喷洒50毫克/千克赤霉酸加2 000毫克/千克比久溶液各1次，可有效保果。在锦橙幼树谢花后至第二次生理落果前，用200毫克/千克赤霉酸溶液涂果1次，或用50毫克/千克浓度喷果1次，均可显著提高坐果率。在柚子树约70%花凋谢时和第二次生理落果前，各喷1次100毫克/千克赤霉酸溶液，可显著提高坐果率。12月份至翌年1月份，用10毫克/千克赤霉酸加10毫克/千克2,4-D，喷洒脐橙树冠，可延长脐橙采收期。在12月份至翌年1月份，用20毫克/千克赤霉酸溶液，喷洒葡萄柚树冠，可延长果实采收期。

**(14)菠萝** 用50～70毫克/千克赤霉酸喷果2次，第一次在小花开放一半时喷雾，浓度为50毫克/千克，第二次在谢花后，浓度为70毫克/千克，有明显的增产效果。

**(15)杧果** 在谢花后和幼果似橄榄大小时，各喷1次50～100毫克/千克赤霉酸溶液，可明显提高坐果率，增加产量。

**(16)香蕉** 在采果后用1 000毫克/千克赤霉酸溶液浸果穗，可延迟成熟。

**(17)荔枝** 花期喷洒20毫克/千克赤霉酸溶液，可明显提高坐果率。

**(18)果实保鲜** 脐橙于果实着色前2周,用5～20毫克/千克溶液喷果1次,可起到果皮软化、保鲜的作用。柠檬,在果实失绿前用100～500毫克/千克溶液喷果1次,可延迟果实成熟。其他柑橘,在绿果期用5～15毫克/千克溶液喷果1次,可保绿,延长贮藏期。在香蕉采收后1天内,用10毫克/千克药液浸果1分钟,捞出晾干,装筐贮藏,可延长贮藏期。

**【注意事项】** ①配药时先用少量酒精或高度白酒将药粉溶解,再加水稀释至所需浓度。水溶性粉剂、乳剂可直接加水稀释。配好的药液不宜久放,但在低温下可保存数天。②不可与碱性物质混合使用。③该药剂应贮存于低温、干燥处,避免高温。

**【与赤霉酸复配的植物生长调节剂】** 如表47所示。

**表47 与赤霉酸复配的植物生长调节剂**

| 登记名称 | 含量及剂型 | 登记作物 | 防治对象 | 用药量 | 施用方法 |
| --- | --- | --- | --- | --- | --- |
| 赤4＋7·赤霉酸 | 3%脂膏 | 梨树 | 调节生长 | 0.6～0.9毫克/果 | 涂抹果柄 |
| 赤霉酸 $A_4$＋$A_7$ | 2%膏剂 | 梨树 | 调节生长 | 20～25毫克/果 | 涂抹果柄 |
| 苄氨·赤霉酸 | 3.6%乳油 | 苹果树 | 调节果形 | 600～800倍液(用1次)或800～1000倍液(用2次) | 喷雾 |
| 芸苔·吲乙·赤霉酸 | 0.136%可湿性粉剂 | 苹果树 | 调节生长、增产 | 0.1224～0.1836克/公顷 | 萌芽和谢花后喷雾 |

## 多效唑

**【理化性质及特点】** 纯品为白色结晶,溶于甲醇和丙酮等有机溶剂,微溶于水。对光比较稳定。可与一般农药混用。常温下贮存稳定期不少于2年。

**【毒 性】** 多效唑对高等动物低毒,对家兔皮肤和眼睛有轻度刺激作用,对鱼、鸟和无脊椎动物低毒。

**【常用剂型】** 10%、15%可湿性粉剂,25%悬浮剂,250 克/升悬浮剂。

**【适用果树和使用方法】** 多效唑是一种植物生长延缓剂,商品名称为 $PP_{333}$。在多种木本果树上施用,能抑制根系和植株的营养生长和顶芽生长,促进侧芽萌发和花芽形成,提高坐果率,改善果实品质和增强抗逆性等。多效唑在果树中的适用情况如下:

**(1)苹果** 6~9 年生元帅品种,春季土施 15%多效唑可湿性粉剂 7~10 克/米$^2$,可形成大量短枝,促进花芽形成和提高坐果率。在苹果新梢生长期,每株树下沟施 1 000 毫克/千克多效唑溶液 20 升,能有效抑制新梢生长,增加短枝,提高坐果率,增大果重。苹果谢花后喷布 1 000~2 000 毫克/千克水溶液 1~3 次,可抑制新梢生长,使枝条粗壮,不发秋梢,增加果实硬度,延长果实贮藏期。

**(2)梨** 鸭梨春梢生长期,用 125 毫克/千克或 250 毫克/千克多效唑溶液,进行叶面喷雾,可抑制春梢生长,缩短节间长度。秋施和早春土施,按每平方米主干横截面积施用 77.5 毫克或 155 毫克有效成分的多效唑,能抑制当年二次梢和翌年春梢的生长。2 种施用方法对翌年花芽形成都有促进作用。

**(3)葡萄** 巨峰葡萄盛花期或花后 3 周,叶面喷布 300~600 毫克/千克多效唑溶液,可抑制新梢和夏梢生长,并可提高坐果率和使果穗生长紧凑。土施 0.5~1 克/米$^2$ 有效成分的多效唑,能延缓枝条生长,提高根冠比。在玫瑰香葡萄新梢停长期,叶面喷施 300~900 毫克/千克溶液,对一次梢和副梢生长有抑制作用。

**(4)桃** 秋季土施多效唑 1~3 克/株,或在夏季枝条旺长前 50~60 天施入,可有效地抑制新梢生长,但以秋季施效果最好。或在当年生长期树冠喷布 300~600 毫克/千克多效唑溶液,抑制营养生长的效果较好。用 2 000 毫克/千克溶液涂大树主干的中下部,可促进花芽形成,增加花量,提高坐果率和产量。

**(5)樱桃** 对 2 年生树春季土施 15 毫克/米$^2$(主干横截面积),可有效抑制当年和翌年的枝条生长。5 年生树土施 1 克/株,可连续 3 年抑制枝条生长,且提高产量。于 5 月中旬和 7 月上旬各喷布 1 次 750 毫克/千克多效唑溶液,可促进花芽分化,增大果实,提高产量。

**(6)杏** 土施 0.5 克/米$^2$ 多效唑,可显著提高坐果率。

**(7)李** 盛花期或 6 月上旬喷布 1 000～2 000 毫克/千克多效唑溶液 1 次,有疏果和增大果实的作用。

**(8)山楂** 在山楂幼树的树冠喷布 1 000 毫克/千克多效唑溶液,可抑制新梢生长,促进生殖生长,提早结果。

**(9)枣** 在枣吊长出 8～9 片叶时,对幼龄枣树用 1 000 毫克/千克多效唑溶液喷雾,对成龄树用 2 000 毫克/千克多效唑溶液喷雾,可有效抑制当年及以后数年的营养生长,促进生殖生长,提高坐果率。圆铃大枣落花期不必采用开枷措施,当花前枣吊生长8～9 片叶时,用 2 000～2 500 毫克/千克多效唑溶液全树喷布,可促进坐果,并使树体矮化。

**(10)柿** 7 月上中旬用 300 毫克/千克多效唑溶液喷布树冠,可控制枝梢生长,促进开花结果。

**(11)板栗** 枝条快速生长前,用 1 500～2 000 毫克/千克多效唑溶液进行叶面喷雾,能使树体矮化、紧凑,增加分枝,提高叶片光合速率。

**(12)柑橘** 在 6 月上中旬,温州蜜柑幼树夏梢长至 3 厘米左右时,用 500～1 000 毫克/千克多效唑溶液喷洒树冠,可有效抑制夏梢生长。在椪柑花蕾期喷布 750～1 000 毫克/千克多效唑溶液,可抑制春梢发生和生长,提高坐果率。在金柑第一次梢萌发时喷布 1 000 毫克/千克多效唑溶液,可促进第一次早伏花结果。在秋梢初发期，用1 000毫克/千克药液做叶面喷雾，可控制秋梢生长，促进花芽分化，增加花量。在柑橘果实采收后，立即用500毫克/千克多效唑溶液洗果或浸果，可以延长柑橘的贮藏保鲜时间。

**(13)荔枝**　用5 000毫克/千克多效唑溶液喷布新抽生的冬梢，或在冬梢萌发前20天，每株土施多效唑4克，可抑制冬梢生长，使树冠紧凑，促进抽穗开花。

**(14)杧果**　在1月中旬摘除花序后，用500毫克/千克多效唑溶液喷布2次，或于9月下旬至10月底，用500毫克/千克溶液做叶面喷洒，均可明显促进花序的发生。

**【注意事项】**　①不同的树种、品种和树龄及地力条件，对多效唑的反应不同，桃、杏、李、葡萄、山楂和柑橘等果树，对多效唑较敏感，处理的当年即可产生明显效应；苹果、梨和荔枝等果树发生作用的时间较慢，常在翌年才有明显效果。②多效唑在土壤中残留时间较长，为防止对果园后期间作作物产生抑制作用，播种前要翻耕。③在推荐剂量下，若对果树生长抑制过度，可通过增施氮肥或喷洒赤霉酸使之恢复生长。④本品无专用解毒药，使用过程中要注意防护，避免药液接触皮肤和眼睛。若溅入眼中，要用大量清水冲洗至少15分钟；皮肤沾染应立即用肥皂水冲洗。若眼睛和皮肤仍有刺激感，可就医治疗。若误服，应促使催吐，并送医院诊治。⑤应贮存在阴凉通风，远离食物和饲料，且儿童触及不到的地方。

## 氯吡脲

**【理化性质及特点】**　纯品为白色结晶粉末。难溶于水，易溶于乙醇、甲醇和丙酮等有机溶剂。对热、光和水及酸、碱稳定，耐贮存。

**【毒　性】**　氯吡脲对高等动物低毒，对人、畜安全。

**【常用剂型】**　0.1%可溶液剂。

**【适用果树和使用方法】**　氯吡脲为新型植物生长调节剂，是一种生物活性很强的细胞分裂素类化合物。具有促进植物细胞分裂、分化和器官形成,增强抗逆性和抗衰老等作用。用于促进坐果和果实膨大以及诱导单性结实等。其在果树中的适用情况如下:

**(1)桃** 桃树开花后30天,用20毫克/千克溶液喷洒幼果,可增大果重,促进着色。

**(2)葡萄** 果穗盛花后10～14天,用3～5毫克/千克氯吡脲加100毫克/千克赤霉酸溶液浸果穗,可显著促进果粒肥大。

**(3)猕猴桃** 盛花后25～30天,用5～10毫克/千克溶液浸果实,可显著促进果实膨大,果实品质和贮藏性基本不变。

**(4)柿** 盛花后10天,喷布10毫克/千克氯吡脲溶液,可防止生理落果。

**(5)柑橘** 在脐橙盛花后20～35天,用5～10毫克/千克溶液涂果梗,可防止落果,加快果实生长。

**【注意事项】** ①氯吡脲与赤霉酸等混用的效果优于单独使用,但在混用前必须先做试验,勿随意混合。②处理猕猴桃果实时浓度不能过大,且要适当晚施。否则,会影响果实品质和贮藏性。

## 萘乙酸

**【理化性质及特点】** 纯品为白色结晶,无臭,无味。工业粗制品为黄褐色。易溶于乙醇、乙醚、丙酮和氯仿等有机溶剂,微溶于热水,不溶于冷水。与碱能形成水溶性盐,结构稳定,耐贮性好。在pH 3～8时稳定。萘乙酸分α型β型,以α型活力较强,通常所说的萘乙酸即指α型,因此也叫α萘乙酸。

**【毒　性】** 对人、畜低毒,对皮肤和黏膜略有刺激性。按照规定剂量使用,对蜜蜂无毒。

**【常用剂型】** 20%粉剂,80%原药。

**【适用果树和使用方法】** 萘乙酸可刺激植物扦插生根,提高坐果,防止落果,诱导开花,疏花疏果和促进生长等。它在果树中的适用情况如下：

**(1)葡萄** 用100毫克/千克萘乙酸溶液，浸泡插条基部8～12小时，可提高生根率。在葡萄开花后5～10天，用100～150毫克/千克水溶液喷布果穗，具有疏果作用。

**(2)樱桃** 用90～150毫克/千克萘乙酸溶液，浸蘸从试管苗剪下的无根苗（插条）5～10分钟，可促进生根。在甜樱桃（那翁等）采收前25～30天，用1毫克/千克溶液浸果，可减轻裂果。

**(3)草莓** 用10～50毫克/千克萘乙酸溶液喷洒草莓幼果，可促进浆果膨大，增加产量。在草莓初花期、盛花期和坐果期，分别以100毫克/千克萘乙酸加0.3%硼酸溶液喷花序，可减少畸形果的发生。用10毫克/千克萘乙酸加1%硝酸钙溶液喷洒浆果，可延长草莓保鲜期。

**(4)猕猴桃** 用5 000毫克/千克萘乙酸溶液浸插条基部3～5秒钟，可提高插条成活率。

**(5)苹果** 用50毫克/千克萘乙酸溶液，处理$MM_{106}$和海棠等苹果砧木，可促进生根。元帅、红香蕉等采收前易落果的苹果品种，在果实采收前30～40天用20毫克/千克萘乙酸溶液喷洒果实1～2次，可防止采前落果。萘乙酸也可以疏花疏果，使用浓度因不同品种而异。用10～20毫克/千克或7～10毫克/千克萘乙酸加150～200毫克/千克乙烯利，在金冠、鸡冠品种盛花后14天喷雾；用萘乙酸10毫克/千克溶液，在倭锦、祝光品种盛花后14天喷雾，均有较好的疏花疏果作用。

**(6)梨** 用5～15毫克/千克萘乙酸溶液，在莱阳茌梨盛花期喷雾，可提高坐果率。在采收前30天和15天，各喷1次浓度为20～30毫克/千克萘乙酸溶液，可防止采前落果。在巴梨盛花后1周，用30毫克/千克萘乙酸溶液喷雾，在晚三吉梨盛花期，用25毫克/千克溶液喷雾，均有较好的疏果作用。

**(7)桃** 用700～1 500毫克/千克萘乙酸溶液浸蘸绿枝插条

5～10 秒钟，可促进生根。在桃树落花后喷洒 20 毫克/千克溶液，可提高坐果率。

**(8)李** 用 19 毫克/千克萘乙酸溶液处理插条，可提高发根率。

**(9)山楂** 在盛花期喷 20～50 毫克/千克萘乙酸溶液，可提高坐果率。用 50～100 毫克/千克萘乙酸溶液，浸泡经过破壳处理的山楂种子 60 小时，然后进行沙藏层积处理，翌年春季播种，能提高发芽率。

**(10)枣** 在金丝小枣盛花末期，用 20～25 毫克/千克萘乙酸溶液喷洒全树，可提高坐果率。在金丝小枣和郎枣的幼果期喷 20 毫克/千克萘乙酸溶液，可促进幼果膨大和防止落果。在金丝小枣采收前 30～40 天，全树喷洒 20～50 毫克/千克萘乙酸溶液，可防止采前落果。

**(11)柿** 在落花后 10～20 天，用 5～10 毫克/千克萘乙酸溶液喷雾，有疏果效果。

**(12)石榴** 用 15～20 毫克/千克萘乙酸溶液浸泡插条，可提高生根率。

**(13)柑橘** 用 40 毫克/千克萘乙酸溶液浸泡柑橘种子，可促进种子发芽。用 1 000 毫克/千克萘乙酸溶液处理柑橘插条 5 秒钟，可显著促进发根。在金橘、脐橙幼果期，喷洒 350 毫克/千克萘乙酸溶液，有疏果作用。在温州蜜柑盛花后 20～30 天，喷施200～300 毫克/千克溶液，也有较好的疏果效果。在柑橘果实采收前 30～40 天，用 80%萘乙酸原粉 20 000～40 000 倍液喷雾 2 次，可防止采前落果。

**(14)菠萝** 用 15～20 毫克/千克萘乙酸溶液，灌注叶腋 20～30 毫升，可增加菠萝抽蕾率。在小花开放一半时，用 100 毫克/千克萘乙酸溶液喷雾，在谢花后用 200 毫克/千克萘乙酸溶液再喷 1 次，可增大菠萝果实。

**(15)荔枝**　对生长旺盛而不分化花芽的荔枝树，用 200～400 毫克/千克萘乙酸溶液喷洒，可增加花枝数，提高产量。

**(16)杧果**　谢花后和果实似豌豆大小时，各喷 1 次 50～100 毫克/千克萘乙酸溶液，可减少生理落果。

**(17)香蕉**　在幼果期用 50～100 毫克/千克萘乙酸溶液喷洒，7 天喷 1 次，共 3～4 次，果实可提早收获 15～30 天。

**(18)柠檬**　早秋喷 1 000 毫克/千克萘乙酸溶液，可使果实提早成熟。

**【注意事项】**　①萘乙酸对皮肤和黏膜有刺激性，配药和使用时要注意防护。②严格掌握使用浓度和方法。③萘乙酸不溶于冷水，可用沸水溶解或加碳酸氢钠溶解。④应密闭包装，贮存于干燥阴凉处。

萘乙酸与甲基硫菌灵的复配剂为 3.315%甲硫·萘乙酸涂抹剂，用其原液涂抹苹果树腐烂病病疤，可防治苹果树腐烂病。

## 三十烷醇

**【理化性质及特点】**　纯品为白色鳞片状晶体。极难溶于水，难溶于冷乙醇和苯，可溶于乙醚、氯仿、二氯甲烷和热苯，对光、热、空气及碱均稳定。

**【毒　性】**　三十烷醇为天然产物，对人、畜低毒，对植物安全。

**【常用剂型】**　0.1%可溶液剂。

**【适用果树和使用方法】**　三十烷醇能影响果树生长和发育，在果树中使用，具有增加花量，提高结果率，减少落花、落果，增加产量等作用。

**(1)温州蜜柑**　在初花、谢花、生理落果初期和果实膨大期，分别喷布 0.05～0.13 毫克/千克浓度的三十烷醇溶液 1 次，可提高坐果率，增加产量。

**(2)甜橙**　在花期用 0.03～2 毫克/千克三十烷醇溶液喷雾，

可提高坐果率。

**(3)华盛顿脐橙** 盛花期喷布 0.1～2 毫克/千克三十烷醇溶液 3 次,或幼果期喷布 0.03～2 毫克/千克溶液 2 次,均可提高坐果率。

**(4)柑橘苗木** 喷布 0.3 毫克/千克三十烷醇溶液,可促进植株生长。

**【注意事项】** ①三十烷醇用于柑橘保花、保果的效果因品种而异,各品种的适宜使用方法尚需进一步探索。②可与赤霉酸、多菌灵等药剂混用,但不能与酸性农药和肥料混用。③应贮存于阴凉干燥处,切勿受潮。水剂在贮存期有微量沉淀,使用前要摇匀。

## 乙烯利

**【理化性质及特点】** 纯品为白色针状结晶,工业品为浅黄色黏稠液体。易溶于水、乙醇、乙醚和丙酮等,微溶于芳香族溶剂。制剂为棕黄色黏稠状性液体,pH 1 左右。在 pH 3 以下时稳定,大于 4 时分解释放出乙烯,乙烯释放速度随温度和 pH 升高而加快。乙烯利在碱性沸水中 40 分钟会全部分解。

**【毒　性】** 对人、畜及蜜蜂微毒,对鱼类低毒,对皮肤、黏膜和眼睛有刺激性。

**【常用剂型】** 40%水剂。

**【适用果树和使用方法】** 乙烯利具有调节植物生长、发育等生理功能,能促进果实成熟,加快叶片及果实脱落,促进植株矮化等。其在果树中的适用情况如下:

**(1)苹果** 对生长势过旺的树,在新梢速长前期用1 000～1 500 毫克/千克乙烯利溶液喷雾 2～3 次,可促进花芽分化。在国光苹果花蕾膨大期喷 300 毫克/千克溶液,谢花后 10 天再喷 1 次 10～20 毫克/千克溶液,有良好的疏果效果。在金冠苹果谢花后 10 天,喷 750 毫克/千克乙烯利溶液加 10 毫克/千克萘乙酸,具有疏果效果。在祝光苹果采收前20～30天，喷800毫克/千克乙烯利溶液，可促进果实着色，增加含糖量，提早20多天成熟。为防止使用乙烯利出现落果现象，可加喷30～50毫克/千克萘乙酸溶液。

**(2)梨** 秋白梨盛花后30天左右，喷1 000～1 500毫克/千克乙烯利溶液1次，或喷500毫克/千克乙烯利溶液2次(间隔期7天)，有明显的促花效果。鸭梨落花后2周，喷200～250毫克/千克乙烯利溶液；晚三吉梨花蕾期喷400毫克/千克乙烯利溶液，均有疏果作用。在多数梨品种采收前3～4周，喷50～500毫克/千克乙烯利溶液，可使果实提前成熟。对早酥梨在采收前25天左右，喷150毫克/千克乙烯利溶液，能使成熟期提早10天。在鸭梨盛花后135～140天，喷布800毫克/千克乙烯利溶液，可使果实提早成熟16～20天。

**(3)桃** 在桃树落叶前喷布150毫克/千克乙烯利溶液，可推迟3～4天开花，并能提高花芽的抗寒力。在桃树春梢旺长前期，用1 000～1 500毫克/千克乙烯利溶液喷雾，可有效控制春梢旺长，也可促进花芽形成。在黄桃盛花期喷300毫克/千克乙烯利溶液，可起到疏果作用。在五月红桃果实成熟前15～20天，喷布400～700毫克/千克乙烯利溶液，可使果实提早成熟5～10天，并且可以增加果实风味。

**(4)杏** 在杏树进入冬季休眠期前，用50～200毫克/千克乙烯利溶液喷雾，可推迟开花期，并且能提高产量。

**(5)李** 李树部分品种在谢花50%时，喷布50～100毫克/千克乙烯利溶液，可增大果实，还可提高果实含糖量。在李树果实成熟前1个月左右，喷布500毫克/千克乙烯利溶液，对部分李品种果实具有明显的催熟效果。

**(6)山楂** 在果实采收前1周，喷洒600～800毫克/千克乙烯利溶液，可使成熟期提早5～7天，并且果实着色和品质都有提高。

**(7)柿** 当果实达到可采成熟度时，用500毫克/千克乙烯利溶液喷洒树上的果实，可使果实提早 15 天软化脱涩。

**(8)枣** 在金丝小枣采收前 5 天，喷布 300 毫克/千克乙烯利溶液，喷洒后 5～6 天，果实全部自然脱落，比人工打枣提高工效 10 倍左右。对红枣和乌枣，在采收前 7～8 天，用 200～300 毫克/千克乙烯利溶液进行喷洒，喷药后 5～6 天可使果实全部脱落。

**(9)板栗** 采收前 5～6 天喷布 200～300 毫克/千克乙烯利溶液，可使板栗棚整齐一致地开裂落棚。

**(10)核桃** 在树上出现少数裂果时，喷布 100～500 毫克/千克乙烯利溶液，可早收获 14 天左右。采果后堆放在一起，用300～500 毫克/千克溶液均匀喷雾，密闭存放 1 周后即可脱皮。

**(11)樱桃** 在樱桃采收前 2 周，用 200～300 毫克/千克乙烯利溶液浸果，可促进果实集中成熟。在秋季对樱桃树喷洒 300 毫克/千克乙烯利加 500～3 000 毫克/千克抑芽丹(青鲜酸)溶液，可提高枝条成熟度，并且提高花芽的抗寒性。

**(12)葡萄** 巨峰系品种在果实开始着色时，用 250～300 毫克/千克乙烯利溶液喷布或浸果穗，能提早成熟 6～8 天。对酿酒葡萄品种，在 15%的果实着色时，用 300～500 毫克/千克乙烯利溶液喷布果穗，可增加果皮内色素的形成。当葡萄新梢长至 6～8 片叶时，喷 25 毫克/千克溶液，可抑制新梢生长。

**(13)柑橘** 在温州蜜柑采收前 20～30 天，用 100 毫克/千克乙烯利溶液喷洒，可使果实早采收 10～20 天。在葡萄柚采收当日用 500 毫克/千克乙烯利溶液浸果，或用 1 000 毫克/千克乙烯利溶液浸柠檬果，均可在 1 周后全部着色。在蜜橘类果实着色前 15～20 天，用 40%水剂 400 倍液喷洒全树，可促进着色和催熟。

**(14)香蕉** 在香蕉七八成熟时采收，用 600～1 000 毫克/千克乙烯利溶液浸果，48 小时后开始着色和软化，色、香、味均佳。运到销售地后，可用 1 500～2 000 毫克/千克乙烯利溶液浸果，催熟效果也较好。

**(15)菠萝**　当果实七八成熟、果缝出现绿豆青时，用 2 000～5 000 毫克/千克乙烯利溶液均匀喷布果面，可提早 20 天采收。田间每 667 平方米施 65～260 克乙烯利，可诱导菠萝开花。

**(16)荔枝**　在荔枝现蕾期，用 200～400 毫克/千克乙烯利溶液对全树喷雾，有疏除花蕾的作用，结果数显著提高，增加产量。花期喷布 5～15 毫克/千克乙烯利溶液，可提高坐果率。

**(17)枇杷**　在果实成熟前 20～30 天，喷布 1 500 毫克/千克乙烯利溶液，可提早成熟 10～15 天。在采收前 15 天喷布 500～1 000毫克/千克乙烯利溶液，可使果实提早成熟 1 周左右。

**(18)杧果**　在果实如豌豆大小时，喷 1 500 毫克/千克乙烯利溶液，可提早 10 天成熟。

**【注意事项】**　①原药在中性溶液中易分解，要现配现用。不能与碱性农药和肥料混用，否则易失效。②药剂对皮肤、黏膜和眼睛有强烈刺激和腐蚀作用，使用时应避免直接接触，特别要注意不能溅入眼内。③适合在干燥天气时使用，喷药后遇雨要补施。施用最适气温为 16℃～32℃，温度低于 20℃时要适当增加药量。④干旱、土壤肥力不足或其他原因造成植株生长矮小时，应适当降低使用浓度并先做小区试验；反之，若土壤肥力过大，雨水过多，气温偏低，果实不能正常成熟时，可适当加大使用浓度。⑤本品对某些果实进行催熟时，风味欠佳，配合使用有关增甜剂，才能达到既早熟又质优的效果。⑥乙烯利对金属容器有腐蚀作用，贮存时勿与碱金属的盐类接触。

## 抑　芽　丹

**【理化性质及特点】**　纯品为白色结晶。难溶于水，易溶于冰醋酸和二乙醇胺，微溶于乙醇。其钾、钠、铵盐及有机磷盐类易溶于水。在酸性、中性和碱性水溶液中均稳定，遇强酸可分解放出氮气。对铁器有轻微腐蚀性。

**【毒　性】** 抑芽丹对人、畜低毒,对鱼类有毒。

**【常用剂型】** 30.2%水剂,99.6%原药。

**【适用果树和使用方法】** 抑芽丹也叫青鲜酸,是一种暂时性植物生长抑制剂,能抑制细胞分裂,控制芽和枝梢的生长。可用于控制植物生长,延长果树休眠期,推迟开花期等。它在果树中的适用情况如下。

**(1)苹果** 在红星苹果盛花后 2～3 周,喷洒 500～2 000 毫克/千克抑芽丹溶液,可减少当年花芽分化,起到控制大小年的作用。红香蕉苹果在采果前 15～30 天,喷布 20 毫克/千克乙烯利溶液,可减少采前落果。

**(2)李** 在花芽膨大期喷洒 500～2 000 毫克/千克抑芽丹溶液,可推迟 4～6 天开花,减少冻害。

**(3)桃** 在花芽膨大期喷布 500～2 000 毫克/千克抑芽丹溶液,可推迟花期 4～6 天,减少花期冻害。

**(4)樱桃** 秋季用 500～3 000 毫克/千克抑芽丹加 300 毫克/千克乙烯利混合液,喷布树冠,可抑制枝条生长,增加成熟度,提高花芽的抗寒性。

**(5)草莓** 在移植后,用 5 000 毫克/千克抑芽丹溶液喷洒 2～3 次,可使草莓浆果明显增加。

**(6)柑橘** 在初果期、初盛果期及幼树期,于 6 月中旬喷施 1 000～1 500 毫克/千克抑芽丹溶液,可有效抑制营养生长,代替人工摘心和抹芽,减少翌年花量,提高坐果率。锦橙、温州蜜柑和椪柑等幼树的夏梢开始萌发时,连续喷 4 次 2 000 毫克/千克抑芽丹溶液,能有效抑制芽萌发。在大红橘夏梢萌发时,喷布 833 毫克/千克抑芽丹溶液,15 天喷 1 次,连续喷 3 次,能抑制夏梢生长,同时有利于秋梢抽发和提高质量,减少落果,促进果实膨大,提高产量。对锦橙等品种,在盛花期喷布 2 000～4 000 毫克/千克抑芽丹溶液,3～5 天喷 1 次,连续喷 3 次,可提高坐果率。对锦橙和椪柑在第一次生理落果末期和第二次生理落果初期，各喷1次1 000～2 000毫克/千克抑芽丹溶液，可形成无籽果实。在沙田柚幼果横径达1～1.5厘米时，开始喷布1 000毫克/千克抑芽丹溶液，隔15天喷1次，连续喷3次，可形成无籽果实。

**(7)枇杷**　在幼果膨大期，用300毫克/千克抑芽丹溶液加150毫克/千克赤霉素溶液喷果，可形成无籽果实。

**【注意事项】**　①一般适用于初结果的幼树，成龄结果树应慎用。②药剂对铁器有轻微腐蚀性，对氧化剂不稳定，应贮藏在阴凉场所，避免日光照射。③无专用解毒药，若误服，应立即催吐或对症治疗。

## 芸薹素内酯

**【理化性质及特点】**　原药为白色结晶粉末。微溶于水，溶于乙醇、甲醇和丙酮等多种有机溶剂。从油菜花粉中制取的芸薹素内酯，是多种类脂化合物的混合体，具有脂类性质。

**【毒　性】**　对高等动物低毒，对人、畜、鱼类和其他水生生物安全。

**【常用剂型】**　0.01%可溶液剂，0.0016%、0.0075%水剂。

**【适用果树和使用方法】**　芸薹素内酯是一种甾醇类高效植物生长调节剂，在很低的浓度下，即可显示出较强的生理活性。运用于果树上能促进果树生长，提高坐果率，促进果实肥大，提高耐寒性，增强抗病性。

**(1)枣**　用0.002～0.003毫克/千克芸薹素内酯在花期喷雾，可显著提高坐果率。

**(2)柑橘**　在始花期和生理落果前期或中期，喷布20～50毫克/千克芸薹素内酯2次，具有保花、保果，增加果实含糖量，提高产量的作用。

**【注意事项】**　①本剂可与中性或弱酸性农药、化肥混合使用。

施药时要防止药液溅到皮肤和眼内。施药完毕应立即用水清洗容器，废液不得污染水源。②配药时可按加水量的 0.01%加入表面活性剂，有利于充分发挥药效。③应在阴凉干燥处保存，并远离食物、饲料和人畜等。

与芸苔素内酯复配的农药，有芸苔·吲乙·赤霉酸 0.136%可湿性粉剂，在苹果树萌发期和谢花后喷雾，用于调节苹果树生长和增产，用药量为 0.1225～0.1836 克/公顷；还有 0.4%芸苔·赤霉酸水剂，用于茎叶喷雾，调节柑橘树、荔枝树、龙眼树生长和增产，用药量为 800～1 600 倍液。

# 第七章 除草剂

## 百草枯

**【理化性质及特点】** 原药为白色结晶。不挥发，易溶于水，微溶于低级醇类，不溶于大多数有机溶剂。在中性和酸性介质中稳定，在碱性介质中迅速水解，在水溶液中、紫外光照射下易分解。该药剂为速效触杀型灭生性吡啶类除草剂，有一定的内吸作用，无传导作用，只能使着药部位受害，不能穿透栓质化后的树皮。对茎叶喷雾后，能迅速被植物绿色部分吸收，2～3 小时即表现受害症状。药剂与土壤接触后，即被吸附钝化，不能损坏植物根部和土壤内潜藏的种子。

**【毒　性】** 百草枯也叫克芜踪，属中毒除草剂，对鱼和其他水生生物低毒，对蜜蜂无毒，对鸟类安全。浓溶液对眼睛和皮肤有刺激性，无面部和皮肤防护使用时可引起手指甲变形及鼻出血，口吞服有致死性。我国规定在柑橘中最高残留限量为 0.20 毫克/千克，美国、FAO/WHO 规定在水果中最大残留量为 0.05 毫克/千克。

**【常用剂型】** 200、250 克/升水剂，20%水剂。

**【防治对象和使用方法】** 用于防除果园单、双子叶杂草，对1～2 年生杂草如灰菜、马唐、水花生、狗尾草、苍耳、牛筋草、竹叶菜、稗草和苋菜等，均有很好的防除效果，但对茅草、鸭跖草和香附子等莎草属杂草防除效果稍差。

从果园杂草出苗后至开花前均可喷药，在杂草株高 15 厘米左右时喷药效果最好。一般每 667 平方米用 20%水剂 100～300 毫升，杂草生长旺盛期可用 200～300 毫升，对水 30～50 升，均匀喷洒于杂草茎叶上。该药剂与利谷隆、西玛津等混用能延长药效。

**【注意事项】** ①百草枯为灭生性除草剂，在果树行间作定向喷雾时，切勿将药液飞溅到果树绿色部分，否则会产生药害。②光照可加速药效发挥，蔽荫或阴天虽然药剂显效速度慢，但不影响除草效果，施药后 30 分钟遇雨仍能基本保证药效。③该药剂对多年生深根杂草只能杀死地上部分，不能杀死地下部分，3 周后杂草如再生，需重新喷药。④喷药后 24 小时内，禁止人、畜进入施药地块。⑤药液不能接触眼睛和皮肤，如溅在皮肤、眼睛上时，应立即冲洗，若误服药液，应立即送医院救治。⑥施药后用过的药械要彻底清洗，勿将药瓶或剩下的药液倒入池塘和沟渠中，以免污染水源、土壤造成药害。⑦运输时须以金属容器盛载，存于安全地点。

与百草枯复配的农药，有滴胺·百草枯 36%水剂，用于防除柑橘园和苹果园 1 年生杂草，用药量为 1 080～1 350 克/公顷；还有敌快·百草枯 200 克/升水剂，用于防除香蕉园行间杂草，用药量为 450～600 克/公顷。

## 丙炔氟草胺

**【理化性质及特点】** 纯品为棕黄色粉末，溶于水和一般有机溶剂，在一般贮藏条件下稳定。该药剂为土壤处理剂，杀草谱广。药剂施于土壤后，被土壤粒子吸附，在土壤表面形成药层，杂草幼芽生长时接触药剂即枯死；做茎叶处理时，药剂可破坏杂草的细胞结构，使其功能丧失，导致死亡。

**【毒　性】** 丙炔氟草胺属低毒除草剂，对鱼类低毒，对皮肤、眼睛和上呼吸道有刺激作用。日本规定水果中的最大残留限量为 0.1 毫克/千克。

**【常用剂型】** 50%可湿性粉剂。

**【防治对象和使用方法】** 用于防除果园 1 年生阔叶杂草和部分禾本科杂草，如鸭跖草、藜类杂草、蓼属杂草、黄花稔、马齿苋、马唐、牛筋草和狗尾草等。

在春季果园杂草刚萌发尚未出土时,进行土壤处理,或将越冬杂草和已出土的杂草铲锄干净后再施药。每667平方米用50%可湿性粉剂8～12克,对水30～50升,均匀喷雾于土壤表面。

**【注意事项】** ①在禾本科杂草和阔叶杂草混生的地区,与防除禾本科杂草的除草剂混合使用,效果更好。②土壤干燥会影响药效,灌水后施药效果较好。③与其他除草剂(碱性除草剂除外)混用,可扩大杀草谱,并有增效作用。④药液如溅在皮肤上或眼睛内,应立即冲洗。⑤施药后,将药械彻底清洗。勿将药瓶余液倒入池塘和沟渠中,以免污染水源和土壤。

## 草甘膦

**【理化性质及特点】** 纯品为无色晶体。能溶于水,微溶于乙醇和乙醚,不溶于丙酮和二甲苯等有机溶剂,其异丙胺盐完全溶于水。在常温和光照下稳定,挥发性低。对铁、钢和铝有腐蚀性。该药剂为广谱灭生性除草剂,内吸传导性强,不仅能通过茎叶传导到地下部分,而且在同一植株的不同分蘖间也能进行传导,对多年生深根杂草的地下部分破坏力很强。1年生杂草一般在施药后3～4天开始出现反应,15～20天枯死;多年生杂草在施药后3～7天出现症状,30天左右地上部分基本干枯。草甘膦入土后很快与铁、铝等金属离子结合而失去活性。

**【毒 性】** 草甘膦属低毒除草剂,对鱼类和其他水生生物毒性较低,对鸟类等天敌无毒。对皮肤、眼睛和上呼吸道有刺激作用。我国以及欧盟规定,在水果中的最高残留限量为0.1毫克/千克,美国、日本规定,在水果中的最大残留量为0.2毫克/千克。

**【常用剂型】** 30%、50%、58%可溶性粉剂,10%、30%水剂等。

**【防治对象和使用方法】** 草甘膦对40多科杂草有防除作用,能有效灭除1～2年生和多年生的禾本科、莎草科、阔叶杂草以及藻类、蕨类和灌木，特别对深根的恶性杂草，如白茅、狗牙根、香附子和芦苇等有良好的防除效果，对豆科、百合科杂草作用稍差。

在杂草生长旺盛、株高 15 厘米左右时喷药，防治效果最好。用药量视不同杂草群落而异，以 10％草甘膦水剂为例，每 667 平方米的用药量如下：以阔叶杂草为主时用 750～1 000 毫升，以 1～2 年生禾本科杂草为主时用 1 500～2 000 毫升，以多年生深根杂草为主时用 2 000～2 500 毫升。对水 30～50 升，对杂草茎叶均匀喷雾。天气干旱、杂草生长不旺时，可在不增加剂量的情况下分次施药，第一次施总药量的 30％～40％，隔 3～5 天再施 1 次，能提高除草效果。对多年生恶性杂草如白茅，在第一次施药 1 个月后，再施 1 次才能达到根除的效果。

在南方果园防除 1 年生和多年生杂草，每 667 平方米用 10％草甘膦水剂 750～1 000 毫升或 41％水剂 182～243 毫升，可有效防除马唐、牛筋草、狗尾草、看麦娘、藜、繁缕、猪殃殃、稗草、酢浆草、车前草、小飞蓬、蒿和鸭跖草等。防除白茅、香附子、狗牙根、紫苑、刺儿菜、水蓼、芦苇等杂草，用 10％水剂 1 000～2 000 毫升，或 41％水剂 250～500 毫升(加 0.2％洗衣粉效果更佳)。在杂草生长旺期，对杂草茎叶进行定向喷雾。

**【注意事项】** ①施药时应防止药液飘移到树冠上，以免产生药害。施药后 6～8 小时如遇大雨，应酌情补喷；杂草叶面药液干后遇毛毛雨，不影响药效。温暖晴天施药，效果优于低温天气。②当天配制的药液要当天用完。药液中加入适量洗衣粉或柴油等表面活性剂，可提高除草效果。③药液如溅在皮肤或眼睛上，应立即冲洗 15 分钟，最好请医生治疗。④施药后，用过的药械要彻底清洗，剩余药液要妥善处理，不得任意倾倒，以免污染水源和土壤。⑤贮存和使用时应尽量用玻璃或塑料容器；贮存于阴凉干燥处，不可与种子、饲料、食物等混放。⑥低温贮存时会有结晶析出，施用时摇匀不影响药效。

**【与草甘膦及草甘膦异丙胺盐复配的农药】** 如表48所示。

**表48 与草甘膦及草甘膦异丙胺盐复配的农药**

| 登记名称 | 含量及剂型 | 登记作物 | 防治对象 | 用药量 | 施用方法 |
|---|---|---|---|---|---|
| 草甘·2甲胺 | 40%可溶性液剂 | 柑橘园 | 杂草 | 1048～1397克/公顷 | 定向喷雾 |
| 甲嘧·草甘膦 | 15%悬浮剂 | 香蕉园 | 杂草 | 1800～2250克/公顷 | 喷雾 |
| 苄嘧·草甘膦 | 75%可湿性粉剂 | 柑橘园 | 杂草 | 1125～1687.5克/公顷 | 定向喷雾 |
| 滴酸·草甘膦 | 10.8%水剂 | 柑橘园 | 杂草 | 1215～2430克/公顷 | 喷雾 |
| 2甲·草甘膦 | 46%可湿性粉剂 | 苹果园 | 杂草 | 1035～1380克/公顷 | 喷雾 |
| 吡草·草甘 | 30.15%悬浮剂 | 柑橘园、苹果园 | 杂草 | 1055.25～1356.75克/公顷 | 喷雾 |

## 敌草快

**【理化性质及特点】** 纯品为无色至黄色结晶。易溶于水,微溶于醇类和含羟基的溶剂。难溶于非极性有机溶剂,在中性和酸性溶液中稳定,在碱性溶液中易水解。敌草快为非选择性触杀型除草剂,稍具传导性,被植物绿色组织吸收后细胞膜受到破坏,受药部位枯黄坏死。药剂不能穿透成熟的树皮,对地下根茎基本无破坏作用。

**【毒　性】** 敌草快属中等毒性除草剂,对蜜蜂低毒,对鸟类安全。无面部和皮肤防护使用时可引起手指甲变形及鼻出血,如经口吞服,有致死性。美国规定,敌草快在水果、蔬菜中的最高残留限量为0.02毫克/千克,日本规定敌草快在水果中的最高残留限量为0.3毫克/千克。

**【常用剂型】** 200克/升水剂,20%水剂。

**【防治对象和使用方法】** 适用于阔叶杂草占优势的地块除草，对菊科、十字花科、唇形花科杂草具有很好的防治效果，对蓼科、鸭跖草科、田旋花科杂草防效差。

在果园杂草生长旺盛期，每667平方米用20%水剂150～200毫升，对水30～50升进行叶面均匀喷雾，

**【注意事项】** ①不能将药液喷于非目标植物上。不能与碱金属盐类等化合物混用。②在施药时，如果药液溅到皮肤上或眼睛内，应立即用水冲洗，如有误服，应立即催吐并送医院治疗。③施药后，用过的药械要彻底清洗，剩余药液要妥善处理，不得任意倾倒，以免污染水源和土壤。④应将药剂贮存在远离食物和饲料以及儿童接触不到的地方。

与敌草快复配的农药，有敌快·百草枯200克/升水剂，用于防除香蕉园行间杂草，用药量为450～600克/公顷。

## 甲嘧磺隆

**【理化性质及特点】** 原药为无色固体。能溶于水、甲苯、甲醇和乙酸乙酯，易溶于丙酮、乙腈、氯甲烷、二甲基亚砜等有机溶剂。水悬浮液在中性和弱碱性环境中稳定。该药为内吸性除草剂，能抑制植物地上部和根部生长端的细胞分裂，从而阻止植物生长。植物受药后，出现红紫色、失绿、坏死、叶脉失色和端芽死亡等现象。药剂喷到杂草或地面上以后，可被植物的根、茎、叶吸收并向上下传导，故既可进行叶面喷雾，也可做土壤处理。

**【毒　性】** 甲嘧磺隆属低毒除草剂，对鱼、蜂低毒，对眼睛无刺激作用，对皮肤在72小时内有轻微的刺激。

**【常用剂型】** 10%、75%可溶性粉剂，10%悬浮剂。

**【防治对象和使用方法】** 甲嘧磺隆可用于防除果园大多数1年生和多年生阔叶杂草和单子叶杂草，如禾本科、莎草科、虎耳草科、木兰科、蕨科、茨科、毛艮科，景天科、蔷薇科、风仙科、唇形科、

云参科、茜草科和豆科杂草等。

从杂草萌发前至萌发后的整个生育期内均可施药，最佳施药期为杂草快要萌发至萌发后草高5厘米以下，或人工除草后草又刚长出来时为好。每667平方米用10%可湿性粉剂20～27克，对水30～50升，均匀喷雾。该药剂杀草谱广，用药量少，持效期长，施药后可保持半年至1年内不生杂草。

**【注意事项】** ①只用于防除果园杂草，不得用于农田、湖泊、溪流和池塘边除草。②要在风力2级以下的晴朗天气施药，以免药液飘移到附近农作物上产生药害。③在施药后6～8小时才显效，故施药后不要急于重喷或人工除草。

## 扑草净

**【理化性质及特点】** 纯品为无色粉末。能溶于水和丙酮、乙醇、甲苯与正辛醇等有机溶剂。在中性介质、微酸和微碱性介质中稳定，在热酸和碱中水解，紫外光下易分解。扑草净为内吸传导型除草剂，可从根部吸收，也可从茎叶渗入到植物体内，抑制叶片的光合作用，对刚萌发的杂草防效最好。中毒杂草先表现失绿，后逐渐干枯死亡。施药后药剂可被土壤黏粒吸附在0～5厘米深表土中，形成药层，杂草萌发出土时接触药剂，中毒死亡。田间持效期为20～70天，旱地较水田长，黏土中更长。

**【毒　性】** 对人、畜、鸟类和蜜蜂低毒，对鱼毒性中等。对眼、皮肤、呼吸道有中等刺激作用，只要不大量摄入，不会引起全身中毒。日本规定扑草净在水果中最高残留限量为0.1毫克/千克。

**【常用剂型】** 50%、40%、25%可湿性粉剂。

**【防治对象和使用方法】** 适用于防除果园1年生阔叶杂草、禾本科和莎草科杂草，如稗草、马唐、狗尾草、看麦娘、牛筋草、马齿苋、鸭舌草、藜和牛毛毡等，对部分多年生杂草亦有一定防治效果，对猪殃殃、伞形花科和一些豆科杂草防除效果差。

在杂草大量萌发初期、土壤湿润的条件下，每667平方米用50%可湿性粉剂250～300克，对水30～50升，在土壤表面均匀喷雾。

**【注意事项】** ①该药剂主要用于防除尚未出土的杂草，杂草出土长大后用药效果较差，在杂草生长期，施药前必须把大草锄掉。②玉米对扑草净比较敏感，在玉米田旁边的果园内应慎用。③如果撒施，应先将称好的药剂与少量细土混匀后，再均匀撒施，否则易产生药害。④施药后应保持表土湿润，以利于发挥药效。有机质含量低的沙质土壤不宜施用。施药后半月内不要松土，以免破坏药层。⑤施药时应注意防护，施药后用肥皂水洗净手、脸。如果药液溅到眼睛和皮肤上，应立即冲洗。⑥施药后的药械要彻底清洗，勿将药瓶剩下的药液倒入池塘和沟渠中，以免污染水源和土壤。

## 乙氧氟草醚

**【理化性质及特点】** 纯品为橘黄色结晶固体。能溶于水和丙酮与环己酮、异丙醇等有机溶剂，在中性、弱酸和弱碱性环境中保存28天无明显水解，在紫外光下迅速分解。该药剂为触杀型除草剂，在有光照的情况下易发挥药效。药剂主要通过杂草的胚芽鞘、中胚轴进入体内，通过阻碍叶绿素的合成致叶片干枯死亡。药剂在土壤中移动性差，施药后很快被吸附于0～3厘米深的表土层中，不易垂直向下移动，3周内被土壤中的微生物分解成二氧化碳，在土壤中的半衰期为30天左右。

**【毒　性】** 对人、畜、蜜蜂及鸟类低毒，对鱼类及某些水生生物高毒。对皮肤有轻度刺激，对眼有中度刺激作用。一般不会引起全身毒性。美国、日本规定该药在水果、蔬菜中的最高残留限量为0.05毫克/千克。

**【常用剂型】** 240克/升，24%、23.5%、20%乳油。

**【防治对象和使用方法】** 乙氧氟草醚对以种子繁殖的杂草除草谱较广，能防除果园多种阔叶杂草、莎草科杂草和禾本科杂草，如龙葵、苍耳、藜、马齿苋、田菁、曼陀罗、柳叶刺蓼、酸模叶蓼、萹蓄、繁缕、苘麻、反枝苋、凹头苋、刺黄花稔、酢浆草、锦葵、野芥、粟米草、千里光、荨麻、辣子草、看麦娘、硬草、1 年生甘薯属和 1 年生苦苣菜等，对多年生杂草只有抑制作用。

在杂草发芽前后施药，防除效果最好。在杂草 4～5 叶期，每 667 平方米用 24%乳油 30～50 毫升，对水 30～50 升，进行茎叶喷雾。与百草枯、草甘膦等混用，可扩大杀草谱，提高药效。

**【注意事项】** ①在晴天和土壤墒情好时，用药量可适当减少。田间露水未干或下雨时不要施药，以免产生药害。②该药剂活性高，用量少，初次使用时应先做小范围试验，找出适合当地施用的最佳施药方法和最适剂量后，再大面积施用。③喷雾时避免药液飘移到临近作物上，以免造成药害。④如药液溅在皮肤、眼睛上，应立即冲洗，并送医院治疗。用过的药械要彻底清洗，勿将药瓶剩下的药液倒入池塘和沟渠中，以免污染水源和土壤。

## 莠去津

**【理化性质及特点】** 纯品为无色粉末。能溶于水和氯仿、丙酮、乙酸乙酯与甲醇等有机溶剂，在中性、弱酸、弱碱介质中稳定。该药剂是选择性内吸传导型苗前、苗后除草剂，以根系吸收为主，茎叶吸收很少，容易被土壤浅层杂草根系吸收，并迅速传导到植物分生组织及叶部，干扰光合作用，使杂草死亡。而深根性植物主根伸入土壤较深，不易受害。药剂被雨水淋洗至较深层土壤，会对某些深根性杂草有抑制作用。药剂在土壤中可被微生物分解，残效期受用药剂量、土壤质地等因素的影响，可长达半年左右。

**【毒　性】** 对人、畜、禽、蜜蜂以及鱼类低毒。对眼睛、皮肤和呼吸道有刺激作用，一般不会引起全身中毒。欧盟规定该药在水果、蔬菜中的最高残留限量为0.1毫克/千克，日本规定其在水果中的最高残留限量为0.02毫克/千克，美国规定其在菠萝中的最高残留限量为0.25毫克/千克。

**【常用剂型】** 38%、50%悬浮剂，48%、80%可湿性粉剂。

**【防治对象和使用方法】** 莠去津用于防除果园1年生禾本科杂草和阔叶杂草，如马唐、莎草、狗尾草、画眉草、稗草、蓼、藜、鸭跖草、苋菜、铁苋菜、苍耳、葎草和看麦娘等，对多年生杂草也有一定的抑制作用。

在春季果园杂草萌发高峰期使用。先将越冬杂草和已出土的大草铲除，然后在地表均匀喷洒药液，也可在杂草出苗后进行茎叶喷雾。用药量因土壤质地不同而异，每667平方米用50%悬浮剂药量如下：沙土地为150～250毫升，中壤土为300～400毫升，重黏土和有机质含量超过3%的果园为400～500毫升，分别对水30～50升，均匀喷雾于地表。用作土壤处理时，应在施药后8小时内将药剂耙入土中。

**【注意事项】** ①桃树对莠去津敏感，不宜在桃园施用。②该药剂残效期长，施药后果园不宜间作小麦、大豆、十字花科蔬菜等敏感作物。③作地面处理时，施药前要整平地面。在土壤有机质含量超过6%的果园，不宜做土壤处理，以茎叶处理为宜。④使用时应防止污染手和脸等，药液溅在身上应立即清洗，中毒者要进行对症治疗。用过的药械要彻底清洗，勿将药瓶剩下的药液倒入池塘和沟渠中，以免污染水源和土壤。⑤应将该药贮存于通风、阴凉、干燥处，不得与粮食、种子、食物混放。

## 西玛津

**【理化性质及特点】** 纯品为无色粉末。微溶于水、正己烷和石油醚，能溶于乙醇、甲苯和正辛醇，易溶于丙酮。在中性、酸性、弱碱性介质中稳定，能被强酸和碱水解，紫外光照易分解。该药剂是选择性内吸传导型土壤处理剂，被杂草根系吸收后，沿木质部迅速向上传导到叶片内，抑制光合作用，使杂草死亡。气温高时，植物吸收传导快。在土壤中不易向下移动，被土壤吸附在表层形成药层，故对1年生杂草防治效果好，深根性植物主根伸入土壤较深，难以接触药剂而不受害。西玛津在土壤中残效期长，特别在干旱、低温、低肥条件下，微生物分解缓慢，持效期可长达1年。

**【毒　性】** 对人、畜、鱼类、蜜蜂低毒。对皮肤和呼吸道有中等刺激作用，不大量摄入不会产生全身中毒。日本规定西玛津在柑橘类水果中的最高残留限量为0.1毫克/千克，其他水果为0.20毫克/千克，美国规定西玛津在水果中的最大残留量为0.25毫克/千克。

**【常用剂型】** 50％悬浮剂，50％可湿性粉剂，50％水分散粒剂。

**【防治对象和使用方法】** 西玛津适用于防除定植2年以上果园中的1年生阔叶杂草及禾本科杂草，如马唐、莎草、狗尾草、虎尾草、牛筋草、车前草、稗草、蓼、藜、荠菜、画眉草、鸭跖草、三棱草、苋菜、铁苋菜、苍耳、灰菜、看麦娘和龙葵等，对阔叶草的防治效果优于禾本科杂草。

在果树的各个生育期均可施药，一般在春季果园杂草刚刚萌发而尚未大量出土时进行土壤处理，或将越冬杂草和已出土的杂草铲锄干净后再施药。每667平方米用50％可湿性粉剂300～400克(砂质土用低剂量，黏质土用高剂量)，对水30～50升，在土壤表面均匀喷雾。

**【注意事项】** ①不宜在苗圃和幼树园施用，以免产生药害。②药剂残效期长，对某些敏感后茬作物生长有不良影响，对小麦、大麦、燕麦、棉花、大豆、水稻、瓜类、油菜、花生及十字花科蔬菜等有药害，果园间作这些作物时不宜使用。③用药量因土壤有机质含量、土壤质地、气温等情况而异，在气温高、有机质含量低的沙质土壤用量低，反之则高。在有机质含量很高的地块，用量大，成本高，不宜施用。④药液如果溅在皮肤或眼睛上，应立即冲洗。用过的药械要彻底清洗，勿将药瓶剩下的药液倒入池塘和沟渠内，以免污染水源和土壤。⑤药剂应贮存于干燥、通风良好的仓库中。

# 第八章　昆虫性外激素

## 柑橘小实蝇性外激素

**【生物活性】**　柑橘小实蝇性外激素的有效成分是甲基丁香酚。这种化学物质对柑橘小实蝇雄成虫具有很高的引诱活性。在田间的持效期为60天以上，诱捕器的有效诱捕距离为30米以上。

**【使用方法】**　在每个果园放置3～5个自制的柑橘小实蝇性诱剂诱捕器，相互距离为20～50米。从诱捕器挂出之日起，每天收集雄蝇1次，根据诱到雄蝇的数量可以准确测报出柑橘小实蝇成虫发生的始、盛、末期，同时可监测其发生数量的消长情况，以此作为化学防治的依据。

## 金纹细蛾性外激素

**【生物活性】**　金纹细蛾性外激素有效成分有2种，将这两种有效成分按一定比例混合后，对金纹细蛾雄成虫有很高的引诱活性。其商品诱芯以橡胶塞为载体，每个诱芯性外激素含量为200微克。在田间的持效期可达60天以上，有效诱捕距离为20米以上。

**【使用方法】**　金纹细蛾性外激素主要用于监测成虫发生期。用金纹细蛾性外激素诱芯制成水碗诱捕器，从越冬代成虫发生始期(4月中旬)开始挂于田间。每个果园挂诱捕器3～5个，均匀分布在果园内。诱捕器距地面约1.5米高。从挂出之日起，每天记录诱蛾数量。采用金纹细蛾性外激素诱捕法，可以准确监测各代成虫的发生时期。根据诱蛾量来预测成虫产卵期。一般在各代成虫数量出现高峰后，即是成虫产卵盛期，可立即进行药剂防治。为了提高预测准确性，2 个月后再加 1 次诱芯。据报道，在同一个诱捕器内，不能同时放置金纹细蛾和棉褐带卷蛾两种害虫的性外激素诱芯，否则会互相干扰，两种害虫的诱蛾量均有下降。

## 梨小食心虫性外激素

**【生物活性】** 梨小食心虫性外激素的有效成分有 2 种，将这两种有效成分按照一定比例混合后，才能对梨小食心虫雄成虫具有很高的引诱活性。用橡胶塞为载体制成的梨小食心虫性外激素诱芯，每个诱芯的有效成分含量为 200 微克，田间有效诱捕距离为 50 米以上，持效期可达 70 天。

**【使用方法】**

**(1)监测成虫发生期** 将梨小食心虫性外激素诱芯制成水碗诱捕器(制作方法见桃蛀果蛾性外激素使用)或三角形纸板诱捕器(里面涂上黏虫胶)，用细铁丝将诱捕器悬挂于树冠内。视果园面积大小，每个果园挂 3～5 个。诱捕器距地面高度约 1.5 米。在桃园，于越冬代成虫发生初期(4 月中下旬)将诱捕器挂上，每天观察、记录诱蛾量。当诱蛾量达到高峰后，即可开始喷药防治。在梨园，主要防止梨小食心虫蛀果，一般在 6 月份挂诱捕器。当诱蛾量连续增加时，要做好喷药准备，诱蛾量出现高峰后 2～3 天，立即喷药防治。

**(2)大量诱杀成虫** 将梨小食心虫性外激素制成水碗或三角纸板诱捕器，从越冬代成虫发生期开始，把诱捕器挂在树上。在平地果园，每 100 平方米挂 1 个，在果树分散的山地或丘陵果园，可适当密一些。诱捕器悬挂高度以树冠中部为宜，太高不便加水和捡虫。每天或隔天加足诱捕器中的水并捡出死虫。据报道，在水碗中加入 1/20 的糖醋液，能明显提高诱蛾量。另据报道，在桃园进行大量诱杀时，在同一个诱捕器中同时放入梨小食心虫诱芯和桃潜蛾诱芯，两种害虫的诱蛾量都比单用一种诱芯有明显增加；在同一个水碗诱捕器内同时放置梨小食心虫诱心和金纹细蛾诱芯，两种成虫的诱捕量均有明显下降。

**(3)干扰成虫交尾**　将梨小食心虫性外激素诱芯直接挂于树枝上，利用其逐渐释放的性外激素干扰雌、雄成虫的性行为，能起到防治害虫的作用。在梨园，从越冬代成虫发生期开始，将诱芯挂在树上，每667平方米挂诱芯(200微克/个)40个，雄成虫迷向率可达95%以上。利用这种方法防治害虫时，诱芯的悬挂高度以树冠中上部为宜。为了提高干扰效果，最好在各代成虫发生期增挂1次诱芯。

用梨小食心虫性外激素防治害虫，无论是采取大量诱捕法，还是干扰交尾法，都是在虫口密度较小的情况下效果才明显，虫口密度大的情况下，一般不能获得理想效果。

## 李小食心虫性外激素

**【生物活性】**　李小食心虫性外激素有效成分有2种，将两种有效成分按一定比例混合后，对李小食心虫才有引诱活性。国内商品诱芯以橡胶塞为载体，每个诱芯的有效成分含量为300微克。国外有的用聚乙烯毛细管为载体，每个诱芯的含量为50毫克。在田间，其有效诱捕期达70天，有效诱捕距离为50米以上。

**【使用方法】**　李小食心虫性外激素诱芯主要用于监测成虫发生期。将诱芯制成水碗诱捕器，从越冬代成虫发生期开始挂于田间。每天记录诱蛾数量。可以准确监测各代成虫发生期，以指导果树喷药时期。国外有用李小食心虫性外激素防治李小食心虫的报道，当性外激素释放量每天为180～270毫克/公顷时，能有效干扰李小食心虫的交尾，达到防治目的。

## 棉褐带卷蛾性外激素

**【生物活性】**　棉褐带卷蛾性外激素的有效成分有2种，将两种有效成分按一定比例混合，才能表现出很强的诱蛾活性。用橡胶塞为载体制成的棉褐带卷蛾商品诱芯，有效成分含量为500微克，有效诱捕距离为15米以上，在空旷条件下，田间持效期达30天。

**【使用方法】**

**(1)监测成虫发生期** 用棉褐带卷蛾性外激素诱芯制成水碗诱捕器，于越冬代成虫发生始期(6月上旬)挂于树上，每667平方米挂5个，使之均匀分布于果园内。诱捕器高度以距地面1.5～1.8米为宜。从诱捕器挂出之日起，每天观察、记载诱蛾数量。根据诱蛾数量的多少，可以监测各代成虫发生的始期、盛期和末期，用于指导害虫防治。

在用松毛虫赤眼蜂防治棉褐带卷蛾时，根据棉褐带卷蛾性外激素诱捕器的诱蛾情况，可以准确预测出成虫产卵期，以确定释放松毛虫赤眼蜂的最佳时期。在棉褐带卷蛾越冬代成虫发生期，当性外激素诱捕器上出现成虫高峰后3～4天，开始释放松毛虫赤眼蜂卵卡(即将羽化成虫的赤眼蜂蛹)，以后每隔5天释放1次，连续4～5次。在指导化学防治时，当诱捕器上出现成虫高峰后7～8天，是化学防治幼虫的最佳时期。

**(2)大量诱杀成虫** 用棉褐带卷蛾性外激素诱芯制成水碗诱捕器，从成虫发生始期开始挂于田间，能大量诱捕成虫，减少雌雄成虫交尾机会，从而达到防治害虫的目的。用这种方法防治害虫，只有在虫口密度低的情况下，才能获得较好的防治效果。据报道，在同一个水碗诱捕器内不能同时放置棉褐带卷蛾和金纹细蛾两种害虫的性外激素诱芯，否则，会相互干扰，使两种成虫的诱捕量均出现下降。

## 苹果小卷蛾性外激素

**【生物活性】** 苹果小卷蛾(苹果蠹蛾)性外激素的有效成分有3种异构体，其中一种活性较高。根据这种物质的化学结构，人工合成的苹果小卷蛾性外激素对雄成虫的引诱活性接近雌蛾分泌的性外激素。用这种活性物质制成的性外激素诱芯,多以橡胶塞为载体,每个诱芯性外激素含量为500微克。在田间的有效期达30天,有效诱捕距离为150米左右。

**【使用方法】**

**(1)监测成虫发生期** 将苹果小卷蛾性外激素诱芯制成水碗诱捕器,于4月下旬挂于田间。诱捕器悬挂高度约1.5米,每667平方米果园挂4～5个。从诱捕器挂出之日起,每天调查、记载诱蛾量,并加足水。每个月更换1次诱芯。当每个诱捕器每天的诱蛾量达到1～2头时,开始进行树上喷药。采用这种方法指导树上喷药,每年减少喷药次数2～3次,可将虫果率控制在5%以下。

**(2)干扰成虫交尾** 苹果小卷蛾性外激素在田间散发的浓度大时,会使雄成虫找不到性外激素发源地,使之迷向,雌雄成虫交尾受到干扰,从而起到防治作用。根据苹果小卷蛾成虫喜欢在树冠上部活动的习性,以将诱芯挂在树冠上部为宜。采用这种方法防治害虫的前提是虫口密度低,在虫口密度大的情况下,使用此方法达不到防治目的。

## 桃潜蛾性外激素

**【生物活性】** 用橡胶塞为载体所制成的桃潜蛾性外激素诱芯,对桃潜蛾具有很高的引诱活性,每个诱芯的有效成分含量为200微克,田间有效诱捕距离为30米以上,持效期长达80天。

**【使用方法】** 用桃潜蛾性外激素诱芯制成水碗诱捕器,于桃潜蛾越冬代成虫出蛰后挂于田间,可以准确监测各代成虫发生期。在桃园,于4月上旬将诱捕器挂于树上,每个果园挂5个,诱捕器距地面约1.5米高。从诱捕器挂出之日起,每天上午记录诱蛾量,并加足水。根据诱蛾量监测成虫发生期,并指导田间防治喷药,直到10月中旬结束。各代成虫发生高峰期过后2～3天,是喷药防治的最佳时期。

## 桃蛀果蛾性外激素

**【生物活性】** 桃蛀果蛾性外激素的有效成分分为A、B2种，将这两种有效成分按一定比例混合后，才能对雄成虫具有引诱活性。以橡胶塞或塑料管为载体制成性外激素诱芯，每个诱芯的性外激素含量为500微克，田间有效诱捕范围为200米左右。有效诱捕期约60天。

**【使用方法】**

**(1)指导地面施药** 在桃蛀果蛾越冬幼虫出土期，即5月中旬至6月上旬，用桃蛀果蛾性外激素诱芯制成诱捕器。诱捕器的制作方法是：取直径15厘米左右的碗或小盒，盛满水，水中放少许洗衣粉（以湿润掉入水中的成虫），在水面上方约1厘米处悬挂性外激素诱芯（诱芯的大头朝下）。用细铁丝作悬挂线，将诱捕器挂于果树上。根据果园面积大小，每个果园挂3～5个，并使之均匀分布于果园内。诱捕器悬挂高度为1.5米左右。从越冬幼虫出土始期挂上诱捕器开始，每天观察、记录诱蛾数量。当诱到第一头雄蛾时，表明大部分幼虫即将出土，此时正是地面施药防治出土幼虫的最佳时期。在施药后，诱捕器上仍能诱到较多雄蛾时，可再施药1次。

**(2)指导树上喷药** 在地面施药以后，继续记录诱捕器内的诱蛾量。当诱蛾量出现高峰时，要立即在果园随机调查一定数量的果实，即500～1000个。当卵果率达到0.5%～1%时立即喷药。第1次喷药后，诱捕器仍能诱到较多成虫时，半月后再喷药一次。

## 桃蛀野螟性外激素

**【生物活性】** 桃蛀野螟性外激素有效成分有2种，将这两种有效成分按一定比例混合后，才能表现出很高的诱蛾活性。用橡皮塞为载体制作的桃蛀野螟性外激素诱芯，每个诱芯的有效成分含量为500微克，在田间的持效期达15天以上。

**【使用方法】**

**(1)监测成虫发生期**　将桃蛀野螟性外激素诱芯制成水碗诱捕器，于越冬代成虫发生初期(5月中下旬)挂于田间，视果园面积大小，每个果园挂3～5个。诱捕器悬挂高度为距地面1.5米左右。每天记录诱蛾数量。根据诱蛾数量预测成虫产卵时期，以指导化学防治。为了准确确定喷药日期，当诱捕器连续诱到成虫时，在果园调查一定数量的果实，当连续发现卵果时，立即喷药防治。在下一代成虫发生初期，仍采用以上方法进行监测，指导化学防治。

**(2)干扰成虫交尾**　用桃蛀野螟性外激素诱芯作为散发器，直接挂在果树上，利用其不断释放的性外激素，干扰雌雄成虫的性行为，从而达到防治害虫的目的。据报道，用桃蛀野螟性外激素诱芯在比较孤立的板栗园防治桃蛀野螟，每667平方米每次投放性外激素21 000微克(42个诱芯)，全年投放诱芯3次，成虫迷向率为85.4％。在不喷药的情况下，迷向区虫果率比对照区下降74.95％。采用这种方法防治害虫，只有在虫口密度低的情况下，才能获得较好的防治效果。在虫口密度大时，还需采用化学防治法。只有这样，才能控制桃蛀野螟的为害。

## 葡萄透翅蛾性外激素

**【生物活性】**　葡萄透翅蛾性外激素商品诱芯，以硅胶塞为载体，每个诱芯的有效成分含量为300微克，在田间对雄成虫有很高的引诱活性。

**【使用方法】**　据上海昆虫研究所试验，用葡萄透翅蛾性外激素诱芯和带有粘胶的纸一起制成双层船形粘胶诱捕器，在葡萄透翅蛾成虫发生初期，将诱捕器挂于田间，每个诱捕器每天平均诱蛾量为3.5～6.5头，最多的达19头。因为葡萄透翅蛾1年仅发生1代，故此法可用于雄蛾的大量诱杀，以达到防治目的。

## 枣镰翅小卷蛾性外激素

**【生物活性】** 枣镰翅小卷蛾（枣黏虫）性外激素的有效成分有2种，将这两种有效成分按一定比例混合后，具有很强的诱蛾活性。商品诱芯以聚乙烯塑料管为载体，每个诱芯长1厘米，有效成分含量为150微克，在田间的有效诱捕期达30天以上，有效诱捕距离为15米以上。据报道，诱芯颜色可影响诱蛾活性。淡红色和黄色诱芯诱蛾活性最高，灰色和绿色最弱，黑色、深红色和蓝色居中。

**【使用方法】**

**(1)监测成虫发生期** 用枣镰翅小卷蛾性外激素诱芯制成水碗诱捕器，在各代成虫发生初期挂于田间，根据枣园面积大小，每个果园挂3～5个。诱捕器距地面高约1.5米。每天记录诱到的蛾量。根据诱蛾量的多少，预测成虫产卵盛期。一般在诱捕器上出现成虫高峰期，即为成虫产卵盛期，高峰期过后1～2天，要立即喷药防治。因枣镰翅小卷蛾发生代数多（一般每年为3代），故在每一代成虫发生期都要使用新诱芯，以提高监测的准确性。

**(2)干扰成虫交尾** 将枣镰翅小卷蛾性外激素诱芯直接挂于枣树上，利用其不断释放的性外激素干扰雄成虫的性行为，减少雌雄成虫交尾的机会，从而起到防治害虫的作用。据报道，在相对比较孤立的枣园，每棵树挂诱芯1～4个，从越冬代成虫发生期开始挂出，隔30天更换（或添加）1次诱芯，可明显干扰雌、雄成虫交尾。在较大范围的枣园采用此法防治害虫需进行试验。

# 主要参考文献

[1] 中国农药信息网．农药综合查询系统．

[2] 张敏恒．新编农药商品手册．北京：化学工业出版社，2006.

[3] 王险峰．进口农药应用手册．北京：中国农业出版社，2000.

[4] 农业部农药检定所．农产品农药残留量标准汇编[G]. 北京：中国农业出版社，2001.

[5] 张一宾，张 怿．农药．北京：中国物资出版社，1997.

[6] 张格成．果园农药使用指南．北京：金盾出版社，1993.

[7] 林郁．农药应用大全．北京：农业出版社，1989.